國立政治大學臺灣企業史研究團隊 TBH

食尚品衛：臺灣食品產業的發展

主編：王振寰
出版者：巨流圖書股份有限公司
地址：802 高雄市苓雅區五福一路 57 號 2 樓之 2
電話：(07) 2265267 傳眞：(07) 2264697
發行人：楊曉華
總編輯：蔡國彬
責任編輯：邱仕弘
封面設計：Lucas
編輯部：23445 新北市永和區秀朗路一段 41 號
電話：(02) 29229075
傳眞：(02) 29220464
帳號：01002323
戶名：巨流圖書股份有限公司
E-mail: chuliu@liwen.com.tw
網址：http://www.liwen.com.tw
法律顧問：林廷隆 律師
電話：(02) 29658212
出版登記證：局版台業字第 1045 號
ISBN：978-957-732-562-4
2017 年 12 月 初版一刷
定價：320 元

國家圖書館出版品預行編目 (CIP) 資料

食尚品衛：臺灣食品產業的發展 / 王振寰編 . -- 初版 . -- 高雄市：巨流, 2017.12
面； 公分 . -- (臺灣企業史叢書 ; 6)
ISBN 978-957-732-562-4 (平裝)

1. 食品業 2. 產業發展 3. 歷史 4. 臺灣

481 106022731

食尚品衛

臺灣食品產業的發展

FOOD SAFETY

王振寰——主編

【臺灣企業史研究叢書】序

主編：王振寰，國立政治大學國家發展研究所講座教授
溫肇東，東方廣告董事長／創河塾塾長

企業史研究在當前人文社會科學界是一個重要的研究領域。美國的企業史研究創始於1926年的哈佛商學院，幾近完整地紀錄了美國近百年來的企業發展趨勢。日本的企業史研究也累積了可觀的日本企業社史，成為企業發展理論及教學上的重要研究文獻依據。對於企業史研究，最知名的學者是最近才過世的哈佛大學著名的企業史學者 Alfred Chandler，他針對美國企業史的研究，發表了數本書籍，包括《策略與結構》、《看得見的手：美國企業的管理革命》、《規模與範疇》等皆對學界有開創性的深遠影響。這些書籍除了描述美國不同產業發展的歷史，也比較了與其他國家（例如德國、英國、法國）相關產業發展的差異。這些書爾後對組織理論和企業管理理論有深遠的影響。由此觀之，企業史研究為整個學術界奠立了深厚的基礎。

臺灣的企業發展，遠從清朝、日據時代、國府遷臺前時期、戰後重建、1980 年代高速成長、1990 年代之後產業轉型升級面對全球化、和至今出現眾多跨國企業。此種歷程反映了臺灣經濟社會從傳統邁向現代，由農業邁向工業和服務業，以勞力密集轉向腦力和創新產業，和以中小企業為主到如今大企業林立，並利／力用中國市場，與世界各經濟體相互競爭的種種趨勢。這樣的發展和轉變，反映了臺灣企業家面對特定政治社會環境，利用社會文化網絡的力量，開創企業和進入全球市場；也凸顯了臺灣產業發展的歷史脈絡與相關的種種發展方式。這些隱藏在歷史過程、文化脈絡、政經環境、和組織轉型的企業發展歷程，需要以較長的歷史縱深來收集資料和分析其發展模式。這樣的工作需要很多人力和物力的投入來收

集資料，更需要耐心和理論的敏感度來耙梳資料。

過去臺灣在推動企業史研究上不甚積極，相對於中國大陸、香港、南韓，可說是處於停滯狀態。加上現今國內主要學術單位由於受到學術評鑑和國際期刊發表的壓力，學者傾向以輕薄短小的中英文期刊論文發表，此種制度性的壓力，使得需要長期收集資料，大部頭寫作專書的企業史研究除了少數學者投入外，成為乏人問津的領域。更為嚴重的是，長此以往臺灣企業的發展歷史，將由中國大陸與香港學者來解釋，臺灣學界將詮釋自己企業和產業發展歷史的發言權拱手讓人。

對於這樣的趨勢，我們深感為憂；因此我們一群以政大教授為主力，加上幾位其他學校的同仁，共同組成了「臺灣企業史」研究團隊，來鼓吹臺灣企業史的研究。在政大頂尖大學計畫的支持下，我們初期以資料庫收集為主，逐漸擴大開始專書寫作，預期將出版一系列臺灣企業史的研究專書；我們也期望這樣的想法和作法，可以得到學界的認同，並逐步建立學術對話的可能性。

為了讓「臺灣企業史」系列專書的理想能夠實現，我們歡迎有志一同、且有相關書稿的學界同仁和博士論文投稿，讓這系列叢書能逐漸壯大。我們對企業史採取比較寬鬆的定義：也就是有關（1）個別公司組織管理變革的歷史傳記；（2）個別產業的發展歷史；以及（3）整體企業發展與政府之間關係歷史演變等主題者，我們都十分歡迎。我們希望藉由這一系列專書的出現，將能誘發對臺灣企業和產業發展經驗的深刻反省，建立臺灣企業發展的歷史，並在未來能夠建立以臺灣經驗為基礎的社會科學理論。這樣的目標現今看來雖然仍然遙遠，然登高必自卑，行遠必自邇，積沙必成塔，集腋必成裘，讓我們一起努力踏出實踐的腳步！

關於臺灣企業史研究團隊與企業史相關研究，進一步資訊可至我們的網頁查詢，http://bh.nccu.edu.tw/ 。

王振寰、温肇東

目錄

Contents

推薦序　溫肇東

從「食」的歷史了我們是誰

繼《紡古織今：臺灣紡織成衣業的發展》，另一本和臺灣民生、經濟攸關的《食尚品衛：臺灣食品產業的發展》也出版了。食與衣是臺灣經濟發展初期重要的支撐，且是日常生活、民生必需品，對認識我們是誰、從哪裡走來，有很大的意義。

50年代臺灣農產加工品占總出口比例近七成，到60年代都還占37.6%。1956年在臺灣第一個用得起IBM大型電腦主機的是臺糖，且是用牛車運送的。不過才60年的時光，臺灣的城鄉與產業風貌居然有這麼大的變化。電腦網路的原生千禧世代不知是否很容易想像：臺灣曾經過祖父的農業世代、父執輩的電子工業時代，和今天的行動與數位生活是多麼截然不同。

這個認知和記憶是重要的嗎？今日的世界、科技、政治、社會、經濟都變化得極為迅速，臺灣之所以成為今天的樣貌，不是偶然的，我們共同創造並承載著過去積累的歷史。歷史有很多面向，大至政治的、社會的，小至家族的、企業的，各有各的機緣。政大的臺灣企業史團隊過去十年，在有限的資源下努力梳理一些參與成員有興趣、有線索的部分，也陸續發表了五、六本專書，請大家指教。

《食尚品衛：臺灣食品產業的發展》一書由執筆的幾位同仁就食品業，分別從農業生產、食品加工、工業化生產、流通，到零售、品牌，依不同年代的主要代表性廠商（臺糖、臺鳳、味全、統一、大成、南僑、桂冠、頂新和海霸王），試著勾勒出這個和民生攸關的重要物質，由這些廠商及其產業變遷如何與臺灣政經發展間交纏引繞，同時又如何隨科技發展及生活方式與時俱進。

以「食尚品衛」為名也點出本書的旨趣，「食尚」來自同音的「時尚」，飲食和「當時」的社經脈絡、背景有緊密的關係。從經濟政策、土地利用、全球貿易，到民間消費、生活型態都脫不了關係。「品衛」來自同音的「品味」，吃食本來就會品嚐其味道，但食品的安全衛生是飲食的根本，政府為民眾把關，義不容辭；透過食安政策及法規來護衛國民的健康，也成為貫穿本書的重要脈絡之一。

很高興本書的出版，希望給年輕的讀者認識臺灣的歷史與產業發展，也給商管學院的同學較寬廣的視野及較有縱深的視角，重新認識這些家喻戶曉的食品公司。

溫肇東
東方廣告董事長／創河塾塾長
政治大學科技管理與智慧財產研究所兼任教授

推薦序　王俊權

接到王教授這本書時，感覺這本書的書名取得相當時髦，《食尚品衛：臺灣食品產業的發展》，讓人很想一睹它的丰采，於是很快地將這本書瀏覽一遍。個人雖然浸潤在食品界相當長的時間，卻是第一次看到社會科學的學者，能夠針對臺灣食品產業發展進行一完整的蒐整與個案分析，著實令人振奮。拜讀王教授的這本臺灣食品產業發展史，讓人瞭解整個食品產業發展的軌跡與內涵，王教授研究團隊在食品發展史的歷史考究相當嚴謹，從政府資料蒐整到個案論述，及對各個企業文化與企業經營方針之掌握，均有精準獨到的見解。

本書由食品產業的發展切入，從二戰後臺灣的各種產業百廢待興談起，論述政府播臺後「以農業培養工業，以工業發展農業」之國家政策，大力扶持民生產業發展，全力衝刺外銷能量，讓臺灣的輕工業，尤其是食品產業，快速發展，奠定臺灣的經濟基礎。隨著經濟的提升，人民生活條件的改善，食品產業從外銷為主，逐步發展成重視內銷的市場。食品在工業化生產後，食品管理相關法規的需求開始受到重視，然而所衍生出來的食安問題，卻是彰顯諸多規章制度的缺失與公衛體系的弱化。因此，如何落實食品衛生安全法規是日後提升食品安全重要的課題。食品安全的政策與制度是否能與時俱進，關係消費大眾的健康甚鉅，是以政府在引導食品產業的工業化，應及時修正食品管理法規，以降低食品安全問題的風險。

隨著市場快速變遷，臺灣的食品產業透過全球佈局及產業升級，以提升競爭能力。王教授研究團隊針對臺灣食品發展史上的食品南北雙雄：統一與味全公司，論述這兩家陪伴多數臺灣人成長的資深食品公司之發展軌跡與經營擘劃，同時也讓讀者看到臺灣食品產業變遷的縮影；以專業利基出發的經典代表公司：南僑、海霸王、桂冠公司，論述這三家隱形冠軍公司的專業能力；此外也闡述二家進入中國市場開疆闢土有成的食品公司，不論是一條龍發展模式的大成集團或是多元複合式經營的頂新集團，都有其特別的發展軌跡與營運邏輯。

食品產業是臺灣發展最早的工業，曾經是帶領臺灣經濟發展的火車頭。雖然時空的轉換，食品產業已不是臺灣經濟發展最重要的支柱，但依然是民生工業的要角，「民以食為天」是不可磨滅的定律，食品產業的產品品質更是關係國民健康最重要的基石。拜讀王教授研究團隊的精闢論述，更讓人折服該團隊對臺灣食品產業發展的深度著力。這本書的出現，不僅能提供海內外研究者重要的參考資料，也期待社會大眾能透過這本書的閱讀，有機會深入瞭解臺灣食品產業的發展歷程及幾家代表性食品公司的經營理念。

王俊權

靜宜大學食品營養學系教授兼副校長

主編序　王振寰

《食尚品衛：臺灣食品產業的發展》一書是政大企業史團隊的最新力作，也是自2010年《追趕的極限》為開端，「臺灣企業史叢書」的第六作。過去政大企業史團隊的研究對象，乃就臺灣家族企業及各項產業進行探討，其貴在於「廣」。當然我們也設想過能否就影響臺灣的單一產業，就其發展脈絡與轉型進行貴在於「精」的深層研究，最初的成果就是系列叢書的第四作《藥向前行》一書。

距今三年多前，因緣際會下本團隊獲得一筆研究經費，供我們自由研究運用。一來因款項來源背景，二來則是對臺灣早期產業發展的興趣，故決定以紡織業及食品業二項引領臺灣經濟發展的產業作為研究標的，期望能為這兩項影響臺灣甚鉅的產業留下一些紀錄與省思。其中由溫肇東教授主編的《紡古織今》一書已於2016年初付梓成書，為目前學界最新且全面的紡織產業研究著作。《紡古織今》更吸引國內知名歷史節目為臺灣紡織史製作特輯，來政大採訪作者群。更有國內知名紡織業者大量購入此書作為其發表會之贈禮，分送國內外相關業界人士，其影響力可見一斑，也是人文社科大學之研究成果與產業相互結合、相輔相成的範例。

《紡古織今》一書的成功鼓舞了團隊成員，也證明回過頭來研究臺灣早期產業的發展有其正確性，更讓我們對這本食品業專書《食尚品衛》寄予厚望。臺灣現今產業發展各有千秋，其發展的好壞除了國際情勢與社會變遷外，往往有其更深層的結構性因素。想要解決現今產業發展問題，為其提出有建設性的分析建言，則必須自其發展源流話說當初，自歷史流變中爬梳脈絡，才能自根本上理解產業發展遇到的變局與挑戰，以及日後可能的因應與轉型之道。

「吃」是攸關人類生命延續的基本，而「食品」則是滿足攝食行為的必要條件，也因此事關食物、食品的相關產業在人類歷史的各個時期，不論國家、文明的貧富強弱，都必然在其發展脈絡中自然產生。就臺灣這片土地而言，食品業的發展早在清代以前便已經存在，歷經日據時期對食品產業的近代化改良，到國府治臺時期，食品產業不僅是滿足國內民眾生計的產業，更是早期對外出口創匯，累積經濟基礎的外銷先鋒。臺灣食品產業的地位，也自單純給養民眾的「吃得飽」，隨著經濟成長與消費水準提高，走向「吃得好」、「吃得有品質」的重視食品本身的品質與衛生，相關法規與制度也隨著現實環境需求因運而生。

時至今日，臺灣食品產業在外銷出口上雖不如過去風光，但各家業者積極的海外佈局仍讓臺灣食品活躍於世界舞台上，在海峽對岸的土地上發光發熱，並順應當地民情生產有別於臺灣本土的食品。隨著全球化事業的開展，食品的安全與衛生更受到關注與考驗。

2008 年中國爆發的三聚氰胺毒奶份事件造成的人心惶惶，至今仍記憶猶新，也讓民眾開始對「食品安全」有了初步警覺。2010 年以後，食安風暴的夢魘降臨臺灣，塑化劑、毒澱粉、銅葉綠素、地溝油等過去未聞的化學物質在一夕之間，突然充斥著所有媒體版面。離我們似乎遙遠的有害物質突然又距離我們這麼近，過去信任的食品業者卻在轉瞬間成為食安風暴的核心。如何能夠「吃得安心」成為民眾最卑微也最深切的祈求，產官學研各界也為食品安全盡心盡力，期望結合各方努力，重新喚回臺灣民眾的信心，重新擦亮臺灣美食王國的金字招牌。

政大企業史團隊撰寫本書的初衷，除了為食品業這個養活臺灣民眾、引領臺灣經濟成長的產業留下一部話說當初的記載外，更重要的，是觀察「食品安全」這個概念如何在臺灣食品產業的土壤中誕生成長，政府與業者們又如何因應食安風暴造成的衝擊，又透過何種努力企圖讓食品安全成為日常生活中的理所當然。

在本書成書過程中，首先要感謝企業史團隊成員別蓮蒂與樓永堅兩位教授，他們的生花妙筆與詳盡的爬梳資料、口述訪談讓我們對國內食品業者的策略轉型與全球化佈局，以及對食品安全的努力有所理解。食品業界與相關學界先進在本書成書過程中撥冗接受團隊訪問，不吝分享在食品產業多年經營之心得，以及對業界的期許。在此由衷感謝南僑陳飛龍會長、海霸王莊榮德董事長、海霸王莊自強總經理、桂冠王正一前董事長、桂冠王正明總經理、大成集團餐飲服務群李維溪副總經理、食品工業發展研究所陳樹功前所長、食品工業發展研究所簡相堂主任，以及東海大學食品科學系蘇正德教授，業界與學界先進無所不答的詳實訪問充實了本書的內容，讓本書與業界現實更加貼近。

在此特別銘謝撥冗為本書提供修改意見的食品工業發展研究所廖啟成所長、東海大學食品科學系陳佩綺副教授、國立中興大學食品暨生物科技學系顏國欽榮譽講座教授、國立臺灣海洋大學食品科學系孫寶年講座教授、國立臺灣海洋大學食品科學系張正明副教授，以及靜宜大學食品營養學系教授王俊權副校長，諸位老師的評論意見讓本書立論觀點更加全面與精實，亦提供我們來自學術界的聲音與期許。在此亦特致銘謝靜宜大學王俊權副校長，以及東方廣告董事長、創河塾塾長，同時也是《紡古織今》一書主編的溫肇東教授惠賜本書推薦序，相信會為本書增添不少信服力與可讀性。

期望這本《食尚品衛》之問世，能夠多少增補過往食品產業發展研究之不足之處，建構更為全面、完整的臺灣食品產業發展歷程，並以訪問之所得、研究之所見，為臺灣食品產業的過去與將來略盡棉薄之力，為臺灣年輕的下一代留下可供閱讀的歷史。

王振寰
國立政治大學國家發展研究所講座教授

作者簡介

（按章節順序排列）

王振寰（前言、第一章、第二章、第三章、結語）

美國洛杉磯加州大學社會學系博士、現為國立政治大學國家發展研究所講座教授。專長為政治社會學、發展社會學、經濟社會學。

陳家弘（第一章、第三章）

國立政治大學歷史學系碩士，現為國立政治大學臺灣企業史研究團隊專任助理。專長企業史、宋代博弈文化史。

蘇修民（第二章）

國立政治大學國家發展研究所碩士，專長為食品安全管理制度。

別蓮蒂（第四章）

美國普渡大學消費者行為研究與零售學博士，現為國立政治大學企業管理學系教授。專長為消費者行為、消費者心理學、行銷管理、品牌管理。

張家揚（第四章）

國立政治大學企業管理博士。專長為創新管理、新產品發展管理。

樓永堅（第五章）

美國伊利諾大學香檳校區企業管理學系博士，現為國立政治大學企業管理學系教授。專長行銷管理、消費者行為、價格促銷、非營利行銷。

曾威智（第五章）

國立政治大學企業管理學系博士班研究生，專長為行銷管理。

前　言

俗語有言：「吃飯皇帝大」、「民以食為天」，所謂「開門七件事」中又有六項與「吃」有關[1]。這不僅反映了人們終日汲營都是為了有口飯吃，更可見「吃」在人類生活中佔有多大的重要性。「吃」不僅是單純滿足口腹之欲，更是延續生命之必要行為，也是人類社會得以持續發展的根本。與「吃」這個攝食行為（feeding behavior）直接相關的，便是五花八門的「食物」、「食品」。在人類文明演進的過程中，賴以維生的食物也自遠古單純的樹果、生肉，進化到用火加熱的熟食，更進化到今日經過多道程序加工、利用食品添加物增添風味、延長保存期限的食品。

正因為「吃」是人類生存的基本需求，食物、食品自然也成為維生不可或缺之物。即便一個文明、國家如何落後，其內部必然產生一套獲取食糧來源的方式，也因此與食糧有關的行業：食品產業是每個國家都會存在的基本傳統產業。

臺灣食品產業起源甚早，清代時即有米、糖、茶、油等生產加工，亦有栽植鳳梨、甘蔗等水果。甲午戰後清廷割臺，日據時期是臺灣食品產業近代化的開端，新品種作物與各式新式工廠、技術的引進讓臺灣過去既有的糖業、製油業在生產方式與產量上有所提升，製罐技術更促使鳳梨罐頭加工出現，成為日據時期以及戰後初期支持臺灣經濟發展的重要出口商品。日據時期引進的技術與工廠設施不僅讓臺灣食品產業有所升級，更促使臺灣經濟得以獨立自

1　開門七件事：柴、米、油、鹽、醬、醋、茶。除了第一項柴火以外，其他六項都與吃有關。

主。隨著第二次世界大戰的展開，臺灣也被捲入戰爭的漩渦當中，不僅在食品生產上因應戰時體制而有所調整，對外貿易方面也因戰火與航路喪失而為之中斷，許多工廠更因盟軍空襲而嚴重受損。

1945年日本戰敗，臺灣也為中華民國政府所接收。日人留下的廠房設備也被以「敵產」名義收歸國有。隨著國共內戰情勢日趨分曉，國府於1949年底退守臺灣，這些日產廠房設備便成為風雨飄搖中，支持臺灣經濟重建、發展的重要力量。

1950年韓戰爆發，美國為圍堵共產勢力擴張，防止中國周邊國家被赤化，開始有計畫地扶植東亞地區親美政權，大量物資與經濟援助開始流入日本、韓國與臺灣等國家。這些「美援」對於甫撤退來臺、根基未穩的國府而言，無疑是場救命的及時雨，援臺物資不僅舒緩大批軍民移入臺灣所造成的糧食危機，小麥、黃豆與棉花等原料的穩定供應更促成臺灣早期幾項產業：食品業（麵粉業、製油業）與紡織業的興起。

1950年到1960年代臺灣食品產業發展的脈絡，大致以恢復戰前臺灣既有生產，以及有效運用美援提供的各項資源為基調。在這段期間，日人留下的廠房設備業已修復整併，過去曾為臺灣重要出口商品的蔗糖與鳳梨罐頭已恢復生產，藉由行銷全球為臺灣賺取外匯。新興的麵粉與製油業由於美援原料穩定供應，以致許多廠商如雨後春筍般投入這有利可圖的可觀市場。新廠商大量出現固然使麵粉與製油業的發展呈現欣欣向榮的景象，但產品供過於求卻導致惡性削價競爭，以致政府必須介入限制設廠增產，並訂立相關法規來維持產業穩定發展。政策方面，四年一期的經濟建設計畫自1953年起實施，早期目標在於「以農業培養工業，以工業發展農業」，往後各期經建計畫皆配合國內經濟發展與產業型態而有所調整。隨著臺灣經濟漸上軌道，美國最終於1965年7月停止援助。脫離美國經濟援助保護傘的臺灣也鼓著漸豐的羽翼，飛向自立自強的藍天。

1970 年代對臺灣而言，是個衝擊與挑戰的時代。政治上，1971 年退出聯合國、1979 年與美斷交兩大外交危機，讓臺灣在國際舞臺上益顯無力。經濟方面，1973 年與1979 年爆發的兩次石油危機嚴重衝擊國際市場，連帶影響臺灣的出口能力。為使臺灣食品能在不景氣的國際市場上殺出血路，以及因應逐漸擴大的內需市場，政府開始制定食品衛生與安全相關法規，以期臺灣食品品質合乎國際衛生標準，增加競爭力。1971 年成立的衛生署，以及1975 年實施之食品衛生管理法是臺灣邁向食安衛生的第一步。諷刺的是，當臺灣開始有食安法規與制度實施時，臺灣各地也陸續爆發嚴重食品公害事件，其中又以1979 年彰化發生的多氯聯苯污染米糠油事件最為嚴重。食品公害事件的發生突顯臺灣雖有相關法規與制度建立，但實際上仍顯不足，對食安潛在風險評估方面也不甚重視。自此之後，越來越多的食安相關法規與制度陸續制定，並依現實環境狀況不定期增修條文，期望以法規面與制度面的盡可能完善，替日益複雜的食品安全衛生把關。

1980 年代臺灣經濟起飛，對食品產業而言則是一段轉型期。以往作為外銷主力的蔗糖、罐頭業，於此時期面臨其他國家競爭，逐漸失去國際市場。與此同時，臺灣內銷市場也因經濟水平提升而日益擴大，民眾也開始注重飲食衛生與品質。面對國內外市場的此漲彼消，臺灣食品產業一方面持續提升衛生與品質，企圖與國際標準接軌，另一方面則逐漸將經營重心，移往逐漸擴大、成熟的內銷市場。為滿足國際標準與國人日益重視的食衛品質，政府持續推動相關法令與認證制度之建立，除了在1983 年完成食品衛生管理法首次全文修正外，亦於1989 年通過 CAS 優良食品與食品 GMP 雙項認證。

時序進入1990 年代，隨著國民所得提升，以及養生風氣盛行，民眾開始追求食品的多元選擇，也開始有意願與能力追求有益身體康健的食品，以往略有雛型的保健食品便於此時躍上檯面，成為食品產業炙手可熱的新星。對外貿易方面，面對越來越多國家外銷食品競爭，臺灣食品外銷市場持續被壓縮，加上國內食品市場日漸飽和，食品業者也開始往臺灣周邊展開跨國經營行動。而與臺灣只有一海之隔的中國大陸，雖然因政治上的隔閡而長久不相往來，但兩岸相似的語言及文化習慣，以及相仿的食物口味，讓中國大陸成為臺灣食品外銷的理想市場。隨著兩岸對立局勢趨緩，政府於1990年開放廠商赴陸投資，國內部分食品業者也趁此時登陸設廠，一方面將臺灣食品銷往大陸，另一方面則著手研發合乎當地民眾口味的食品。

2000年以後，受全球貿易自由化潮流影響，臺灣也於2005年加入世界貿易組織WTO。面對更多國外競爭者在競逐著有限的國內市場，本土食品業者因而面臨了產業轉型升級的關鍵，具有高附加價值的保健食品成為業者們轉型升級的選擇之一。對於食品品質與衛生的要求又較以往更加提高，從食品製造過程，以及其原料、加工各流程是否安全無虞也開始為人所重視。2008年中國爆發三聚氰胺毒奶粉事件，造成臺灣民眾對食品安全的重視與恐慌。也自此三聚氰胺事件開始，臺灣內部也陸續爆發重大食安事件，再再打擊民眾對臺灣食品的信心。

2010年以來，臺灣重大食安事件頻傳，幾乎一到二年就會有一重大食安事件爆發。2011年爆發的塑化劑事件，影響層面從最初的飲料業擴大到麵包、糕點及製藥業，誤用含有塑化劑原料之廠商高達400家，其中更不乏知名食品業者，嚴重打擊國人信心與臺灣食品的國際形象。2013年又爆發食品添加工業用順丁烯二酸的毒澱粉事件，雖然政府在事件發生後通盤檢討現行食安法規及制度，但也僅是亡羊補牢。同年10月又爆發不肖業者以銅葉綠素及棉籽油混充橄欖油事件，隔年9月更爆發業者以地溝油、飼料油混充食用油脂的假油事件，牽扯在內的業者更赫見GMP認證優良廠商名列其中。

接連不斷的食安風暴，不僅衝擊臺灣「美食王國」的聲譽，更讓民眾對食安相關法規及制度產生根本上的質疑。為使民眾恢復對臺灣食品的信心，政府透過更加嚴密的修法與檢討過去認證制度，並導入對食品安全的潛在風險評估，增加對食品安全檢驗、原料溯源等項目，讓食品生產各個環節盡可能地透明可以追溯，以實際行動宣示政府重建食安的決心。

關於臺灣食品產業的發展，產學各界探討的論文、報告著實不少，但多僅就個別食品分業進行趨勢分析。各個公會出版的年鑑，業者製作的紀念特刊又多為內部發行，鮮少於坊間流通。其他民間常見與食品相關書籍，又多以介紹美食、料理方法，又或是自健康層面進行探討，少有一書真正著眼於臺灣食品產業發展的來龍去脈。目前學界中有關臺灣食品產業發展脈絡敘述最為完整、全面者，當屬臺灣食品科技學會與食品工業發展研究所合著的《臺灣食品產業與科技發展史圖》。此著作並非嚴格定義上的「書」，而是將臺灣自日據時期至民國百年（2011）間食品產業發展歷程，以圖像折頁方式編年呈現。其內容包括國內知名食品廠商成立時間、政府政策與法規、具代表性食品何時問世，以及重大食安相關事件。圖像式呈現有利於讀者瞭解食品產業發展時序，更是本書在建構臺灣食品產業發展時雛型骨幹。但囿於體例，此圖表較難以文字呈現食品產業發展之前因後果，以及各方因素交織所造成的影響。

本書在寫作過程中，為建構臺灣食品產業發展之脈絡，博採各方食品業相關書籍文章與新聞報導，貫通融會後將其精要置於時間架構之下，佐以當時國內外政經情勢與事件，藉以重建並詮釋臺灣食品產業的發展脈絡，並選擇國內具代表性的食品企業進行個案分析，觀其如何在大時代下經營發展，成就其各有千秋的食品事業。

近年來，由於重大食安事件頻傳，對食安問題的溯源以及相關制度法規的探討也成為受人矚目的焦點。因此本書將食品安全問題作為貫穿全書的重要旨趣，不僅特立篇章專題探討臺灣食品安全發展狀況，更於闡述臺灣食品產業發展脈絡處，以及各家廠商個案中不斷出現。如此安排一則為從政府、產業、學界角度來觀察日益嚴重食品安全問題，以及其如何因應；一則為呈現臺灣食品產業如何自最初供應民眾生計，逐漸走向追求食品品質、衛生與安全的道路。

目前我們做到的成果，將分成以下篇章予以呈現：

一、臺灣食品產業發展歷程

本書第一章由王振寰教授及其團隊執筆，以時間序列與經濟發展為經，各項食品分業為緯作為基調，佐以法規、制度之沿革為變奏，旨在重建並詮釋臺灣食品產業發展脈絡，探究臺灣食品產業在各時期如何呈現出各種不同風貌，以及各個時期影響臺灣食品產業發展的諸多因素。

臺灣食品產業在清領時期有何發展？日據時期的近代化又為臺灣食品業帶來何種變化？國民政府治臺後又有哪些承先啟後的創舉？「美援」物資又對臺灣食品業造成何種影響？臺灣食品產業又如何自滿足溫飽，逐漸走向追求食品品質、衛生與安全？層出不窮的食安風暴又對臺灣食品產業造成何種衝擊？以上問題將於本章予以探討。

二、食品工業化的管理與風險

有鑒於食品安全問題已成為今日重要社會問題，是為食品產業之顯學，本書特就食安問題另立篇章。本書第二章由王振寰教授及其團隊撰寫，自食品加工的源流開始話說當初，將議題引至食品安全。本章藉由國際上對食品安全之定義切入，探討食品本身明顯與潛在之風險，以及食安本身所具有的社會面與政治面影響。而後將焦點集中在臺灣，以時序脈絡呈現臺灣各時期有關食安的制度與法規之制定，以及各時期重大食安事件之始末，探討臺灣食品安全法規與制度之現況，以及仍須改善的各個面向。

三、個案分析

經過前面食品產業發展脈絡建構，以及對食品安全問題深入探討，於此將以三章篇幅，透過分析國內具代表性之食品企業為個案，觀察其如何發跡，如何於臺灣食品市場上獲得一席之地，並隨著臺灣經濟發展而調整其腳步，邁向多角化經營與跨國佈局。面對日益嚴重的食安問題，這些食品企業又是如何因應？又透過哪些努力自食安風暴的風聲鶴唳中挽回民眾的信心？

第三章將以曾為臺灣雙霸天的食品企業：統一企業及味全公司為例，分別探究統一企業如何從一個食品業後進，透過不斷多角化經營，以及跨足通路事業，逐步擴大流通次集團與本業周邊規模，最終成為國內首屈一指的食品業者，深刻地影響臺灣民眾的日常生活。味全公司又如何自戰後百業凋敝中崛地而起，透過生產味精與慧眼獨具地率先投入乳業，多角化經營周邊商品，成為曾與統一企業分庭抗禮的食品業者？又是如何為頂新集團所收購，成為其在臺食品事業的主力先鋒？兩間企業在面對席捲而來的食安風暴時，又是如何減少傷害，並透過何種措施與努力，重建消費者對臺灣食品的信任？以上問題將藉由王振寰教授及其團隊之生花妙筆一一剖析。

第四章將焦點放在較鮮為消費者所知，卻在食品產業特定領域中具有利基市場的食品業者。本章由別蓮蒂教授與其團隊主筆，以南僑、海霸王與桂冠為例，探討南僑如何自化工起家，而後進入製油業，展開其食品產業多角化佈局，朝烘焙業相關的麵糰、烘焙油脂前進，成為烘焙產業的幕後推手；海霸王又如何自一家海鮮餐廳，快速展店成為國內海鮮餐飲的霸主，又如何西進中國，以冷凍食品物流行銷大陸？以製冰起家的桂冠，又是如何透過湯圓、火鍋餃與沙拉，稱霸兩岸民眾的餐桌，滿足民眾多元化的口味？

第五章由樓永堅教授及其團隊主筆，以兩間製油起家的企業：大成長城（大成集團）與頂新集團為例，看大成如何自飼料與製油開始，將事業多角化伸向餐飲服務業，又是如何深入中國農牧市場，成為兩岸重要的肉雞供應來源？頂新集團又如何從一間彰化小油廠，成為席捲中國方便麵市場，跨足速食、流通產業的企業集團？而頂新又如何挾其在中國的優勢，返台收購老牌食品企業味全，競爭食品市場並將觸角擴張至其他產業領域？食安風暴，頂新牽連其中並深受其害，它又是透過哪些努力企圖重建其品牌形象？

食品業是臺灣最早發展之工業之一，不僅肩負滿足臺灣群眾之民生大計，更是臺灣早期出口創匯的重要產業，引領臺灣社會成長與經濟發展厥功至偉。對食品業這個傳統十足卻又不可或缺的產業而言，至今學界似乎多以期刊文章或學位論文予以探討，抑或是對個別分項進行專門研究，這之間似乎缺少脈絡性的連結。寫作本書的初衷，在於試圖補足這之間的缺口，立足前人研究基礎上，爬梳文獻與數據資料，建構出一部臺灣食品產業發展脈絡，並將現今國人重視的食安問題融入其中，闡明臺灣食安全法規與制度是如何隨著時代脈絡而出現，又如何因時代發展而顯得不足，政府又有何前瞻或亡羊補牢的措施。國內食品業者又如何隨著時代發展調整其策略，在食品本業上深化或多角化經營，深耕本土與跨國經營並行，又是如何因應食安風暴所帶來的衝擊。

由於食品產業分工複雜，包含的各項分業更是五花八門，與其相關的食品業者值得大書特書者比比皆是，以致本書寫作過程中常有力有未逮之嘆，難免有遺珠之憾。即便如此，仍期望本書之問世，能夠稍微增補過去食品產業歷史脈絡不足之處，建構更為完整、全面的臺灣食品產業發展歷程，以及對政府、業者對食品安全所下過的努力，為食品業先賢的成果刻下道標，也為年輕的一代留下一部可供閱讀的臺灣食品產業史。

臺灣食品產業發展

王振寰、陳家弘

INTRODUCTION

臺灣食品產業的發展歷程，與其經濟發展程度息息相關，從滿足人民基本生活需求，到得以加工出口外銷創匯；從滿足口腹之慾，再轉而重視其保健療效，重視其安全衛生。本章將就時序發展，將臺灣食品業發展劃分為幾個階段，探究食品產業於不同階段中有著何種發展？出現何種業別與相關法規？各階段對食品的要求與重視面向又有何不同？以及食品安全衛生制度如何於臺灣建立。

一、日據時期：臺灣食品產業的近代化（1895~1945）

臺灣食品產業之近代化，肇始於日據時期。1895 年依據中日甲午戰爭後簽訂的馬關條約，臺灣成為日本帝國殖民地。在日本政府「農業臺灣」統治政策下，臺灣在工業發展上受到相當程度限制，直到1936 年武官總督小林躋造確立臺灣「工業化、皇民化、南進基地化」為施政方針後，始有較多工業發展空間。

由於臺灣成為供應日本農產品的來源，許多作物會在臺先進行初步加工，而後輸往內地，食品加工也成為日據時期臺灣少數有發展的工業項目。在日據時期的50 年間（1895-1945），臺灣的近代化食品工業有了初步發展，許多廠房設備更成為戰後臺灣食品業發展的基礎，經濟復甦的基石。

（一）新式糖業

自荷西時期以來，蔗糖一直是臺灣出口外銷的重要商品，與樟腦、稻米及日後出現的茶葉合為外銷主力。1900 年日人設立臺灣製糖株式會社，兩年後高雄橋仔頭第一工廠開始製糖，是為新式糖業之始，取代過去以獸力帶動石轆榨汁煉糖的舊式糖廍。

1901 年，時任臺灣總督府殖產局長的新渡戶稻造向總督府提出《糖業改良意見書》，提出糖業改良政策七點、11 項獎勵保護政策與14 項對糖業設施的改良意見，對臺灣糖業發展有著深遠的影響。為提升臺灣糖業產量，臺灣總督府

圖 1-1　舊式糖廍中以獸力帶動的石轆（陳家弘拍攝）

圖 1-2　臺灣位置最北的萬華糖廠（陳家弘拍攝）

於1902年制定「臺灣糖業獎勵規則」，獎勵補助新式糖廠，並以1905年頒行之「原料採取區域制度」指定原料供應區，確保糖廠原料穩定來源與保護市場，讓臺產糖在日本市場處於有利地位，使日人資本湧入臺灣投資糖業，新式糖廠林立。1940年後，各家糖廠幾經合併，最終確立了臺灣製糖（1900）、鹽水港製糖（1905）、明治製糖（1906）與日糖興業（1906）四大製糖株式會社，下轄新式糖廠42間、工廠49所，每日壓榨產量65,000噸（陳明言，2007：60-61）。

臺灣生產之蔗糖主要以外銷為主，其中以日本為最大銷售地區，1934、35年之砂糖產量更曾高居世界第三（陳明言，2007：56）。為扶持糖業發展，總督府不僅制定獎勵、保護政策，更搭配一連串基礎設施興建，如：興建糖業鐵路、建設嘉南大圳等，在提升糖業生產的同時亦帶動臺灣交通與基礎建設的現代化，因此糖業可稱得上是臺灣的文化之母（陳明言，2007：82-83）。總督府對砂糖課與消費稅，也隨著糖業的蓬勃發展而高度成長，成為臺灣財政收入的重要來源之一，不僅替日本節省了輸入砂糖的外匯支出，更成為臺灣財政能夠獨立的重要推手（羅吉甫，2004：124-126）。

1941年太平洋戰爭爆發，臺灣也隨之進入戰時體制，以往種植甘蔗的地區也被用於栽植甘藷、苧麻等副食與軍需作物，衝擊蔗糖的產量。隨著戰況急轉直下，日本制海、制空權的消失，臺糖輸日量急遽減少，製糖工廠也成為盟軍轟炸的對象。至1945年止，42所新式糖廠中有高達34所遭受損壞，臺灣糖業生產幾近停擺，直到戰後國民政府接收重整才逐漸恢復生產（臺灣糖業股份有限公司，1996：23）。

（二）罐頭工業

臺灣罐頭工業發展初始於日據時期，主要生產項目為鳳梨罐頭。洋菇與蘆筍雖於日據時期引進臺灣栽植[1]，但僅止於零星栽植而未達製罐出口規模，要到戰後政府推廣扶植始成為重要出口項目。

臺灣種植鳳梨起源甚早，清代時即有栽植，迄今已有三百餘年。但真正大規模種植，並製成罐頭外銷，則要等到日據時期。1900年，日人岡村庄太郎在臺灣南部試製鳳罐加工並試銷海外，成果甚佳，因而受總督府鼓勵，前往爪哇、新加坡考察鳳梨加工事業。1902年，考察歸來的岡村於高雄鳳山成立第一間鳳梨罐頭工廠，為臺灣鳳梨罐頭加工業之先聲。當時用於製罐的是臺灣本土的在來種鳳梨，封罐則使用技術較低的「半田付」（はんだ付け）錫焊封罐。封裝鳳梨亦未去芯，採整顆鳳梨裝罐，在品質控管與衛生條件上較差。

1922年日本東洋製罐會社在臺成立分社，引進新式封罐技術，在容器生產上有所改良。鳳梨方面亦引進外國改良種栽植，並開始將鳳梨去芯、切片，在品管與衛生上有所提升。新式加工技術與設備的投入，使得鳳梨加工業逐漸步入機械化，生產效率亦有所提高，使鳳梨罐頭成為日據時期臺灣重要產業。

日據時期鳳梨主要產地集中於彰化、鳳山一帶。由於鳳梨運輸往返費時，生果又易腐壞。為能就近生產，罐頭工廠多集中於這些地區附近，且交通運輸設備更受重視，一些輕便鐵路便是為了運輸出口而設置，以利將罐頭經基隆、高雄兩港輸往日本與海外市場。

由於鳳梨加工業發展如日中天，吸引不少業者投入生產行列。1930年鳳罐生產工廠數量高達81家，為日據時期最高峰。但也因生產者眾多，為爭奪市場不惜惡性削價競爭，造成鳳罐行情低落。

1　洋菇於1930年自日本引進栽植，蘆筍則於1935年引進臺灣。

且因小廠林立，所生產商品無法有效控管品質，以致產品口碑每況愈下，廠商損失慘重（廖慶洲，2004：65）。為遏止市場惡性競爭，1931 年鳳罐廠商先組成共同販賣會社統籌產銷；1935 年在總督府推動下，組成臺灣合同鳳梨會社（1945 年改名大鳳興業株式會社），統籌全臺鳳梨生產、加工與販賣事務。

鳳梨罐頭之生產，以外銷市場為主要目標，其中最大出口對象為日本。過去日本鳳梨市場是夏威夷鳳罐的天下，臺產鳳罐的增產威脅到夏威夷鳳罐的優勢，最終為臺產鳳罐所取代。臺產鳳罐在產量與外銷量逐日攀升，1938 年生產箱數突破 160 萬，1940 年銷日箱數突破 120 萬達到高峰。其後雖有增產至 200 萬箱以上的計畫，卻因第二次世界大戰爆發而未能成行。隨著戰事漸趨嚴峻，工廠家數與生產數量亦逐日遞減，加以盟軍轟炸造成工廠破壞，生產趨於停擺，直至戰後國民政府接收重整後始恢復生產。

日據時期對臺灣食品業之貢獻，在於對既有產業的改良與近代化，如引進新式糖廠取代舊式糖廍，以及鳳梨加工製罐等。其背後驅動因素雖是為母國利益服務，但是對臺灣產業的改良與投資，以及連帶周邊基礎設施之建立，皆成為戰後臺灣經濟重建發展的重要基石。

二、外銷導向的產業奠基期（1945~1971）

1945 年第二次世界大戰結束，臺灣為國民政府所接收，過去日人所留下的工廠設備亦以日產名義由政府接管。戰時臺灣經歷盟軍空襲，被列為轟炸目標的各式工廠遭受損害不一，國民政府接收後依其性質與損害程度整併了這些工廠，而後標售民營或轉為國營事業，為戰後初期引導臺灣工業重建、發展的重要角色。日據時期引領臺灣食品業發展的製糖與罐頭工業亦於此時褪去殖民色彩，以新的樣貌引領臺灣經濟。臺灣的食品產業也自戰火中重生，在滿足內需後步上外銷之路，成為戰後臺灣經濟發展初期累積外匯的重要功臣，扶植國內工業的展開。

臺灣食品產業的發展，與其他產業類似，都是從小型家庭企業開始，透過外銷逐漸成長。發展初期以多角化為主，之後在這些多角經營的事業中，以最有利基的產業來持續發展，並帶動相關企業。例如食品業通常都會發展通路，超商成為自然的選擇，有了超商，物流也就成為必要的選擇，而逐漸發展成為大型集團。當然這樣的發展未必是自然而然的事情，其中充滿經營者的智慧和決心。有的企業成功的擴張，也有的失敗，統一集團和味全集團就是對照的例子。統一超商成功的為統一集團創造了極大的利潤，而味全在與日商合作成立「松青超市」，但是之後的發展，則因為家族內部不合，最終導致經營權易手，被頂新集團收購成為旗下的子公司，並在2015年的食安風暴中受到頂新集團魏家影響，「松青超市」獲利大幅下降而轉手賣給全聯超市。

最後，由於臺灣市場很小，因此與其他臺灣產業相同，能夠擴張成為大企業的不是依靠成功外銷，就是到中國大陸建立生產基地。有些企業是建立在特殊產品上，有些則是在大陸擴張生產進入該地市場。

（一）重要政策

1949年國民政府撤退來臺，如何滿足島內軍民的生存需求成為當務之急，農業便成為經濟復甦的首要發展對象。1949年的「三七五減租」、1951年的「公地放領」，以及1953年的「耕者有其田」三項土地改革政策，讓原先掌握於地主手中的土地有所流動，某種程度上成為促進農業復甦增產的動力。失去土地的地主也得到國營企業股票為補償，逐步將資本移往工業生產，慢慢累積發展工業的潛力。加上農業、水利設施的修建，以及生產技術改進，讓臺灣農業生產逐漸回復到戰前水準（張哲朗，2011）。

1. 美援（1948~1965）

1948年國共內戰期間，美國即開始對國民政府提供經濟援助，並於行政院下設有美援運用委員會（今經建會），統籌運用美援資源。1949 年國府遷臺後，美援曾短暫停止。隨著 1950 年韓戰爆發，為避免臺灣赤化，美國除派遣第七艦隊協防臺灣外，美援物資復隨之而來，適時地舒緩臺灣的經濟壓力，成為臺灣戰後經濟發展與國內建設的重要資本來源。

自 1952 年至 1961 年為止，美援投資占國內資本比例約三到五成不等（張翰璧，2006：43）。在美援資源的運用上，棉花、麵粉、黃豆與小麥等民生物資，以及機械設備、化學、金屬製品等工業用品占援助款項的絕大部分（74%），其餘則用於電力、交通等基礎建設，以及相關技術合作上（張翰璧，2006：43-44）。其中美援棉花促成了戰後臺灣紡織業的興起，麵粉、黃豆、小麥等物資一方面滿足了國內食物需求，另一方面則直接促進臺灣麵粉業、食用油脂與飼料業的出現。今日泰山企業之前身益裕製油廠，即是以接受政府委託將美援黃豆加工壓製食用油與飼料豆餅起步，而後逐步擴大規模，成為今日的飲料大廠。

隨著臺灣經濟發展漸上軌道，1959 年起美國便逐漸減少對臺援助，於 1965 年 7 月起停止對臺援助貸款，改由美國民間的海外投資，以及臺灣對美出口貿易來取代單方挹注資源的經濟援助（文興瑩，1990：104）。臺灣的經濟也慢慢自美國的保護傘下脫離，走上自立自強的道路。

2. 四年經濟建設計畫

有了美援提供經濟發展所需的資金，政府開始中長期經濟發展計畫的制訂與實施。首先實施的經濟建設計畫，為 1953 年開始實施，至 1956 年期滿的第一期四年經建計畫。由於 1950 年代初期，工業設備與技術人員仍須仰賴國外，加上進口物資主要用於滿足國內需求，因此第一期經建計畫的制訂，主要在於有效配合美援使用，並以擴大農工生產與改善交通運輸系統為主要目標。由於當時工業尚未起步，而農業生產不僅滿足內需，又占戰後初期出口外銷極大部分。因此「以農業培養工業，以工業發展農業」成為第一期經建計畫的重要目標，藉由改良、提高農業產值並發展紡織、食品等門檻較低的輕工業，一方面滿足國內所需，另一方面則出口農產品賺取外匯，日據時期即有發展的製糖與罐頭工業在此時逐步恢復其產能，成為日後臺灣重要外銷品。

第二期四年經建計畫自1957年起，於1960年完成。經過前期計畫的經營，臺灣經濟體質已略有轉變。雖然工業尚屬萌芽階段，多數設備機具仍仰賴國外進口，但已逐漸有工業產品可供外銷（如遠東紡織試銷棉紗），水泥、紡織、金屬等工業則逐漸擴充其產能，電力、交通等基本建設亦趨於完善。農業方面，則持續改進農業技術，引進優良品種，改善水利設施，提高單位面積產量。

1961至1964年為止的第三期四年經建計畫有鑒於前兩期計畫的成果，在農工業發展上逐漸完善，生產品質提高，所需成本也顯著降低。因此第三期經建計畫著重於各項資源方面的開發。在農業上，開發水利、農林漁牧等多方資源，並配合外銷開發多種農產加工品輸出，避免過去偏重米糖等單一作物的情形，在滿足國內需求後開始打開外銷市場（許立峰，1987：19）。此時期原有之工廠逐步擴充產能，新設之工廠也因工科人才培育增加，在質與量上有所提升，生產產品則以出口外銷為主要目標。政府為促進投資，改善投資環境，於1960年起頒布了「十九點財經改革措施」與「獎勵投資條例」等政策，吸引外資投資臺灣產業，積極拓展外銷事業。食品工業方面，除長期作為外銷主力的鳳梨罐頭外，洋菇罐頭與蘆筍罐頭的產製也於第三期四年經建計畫時期建立起來，同樣以外銷為目的，並於日後接替鳳梨罐頭成為我國外銷世界市場之尖兵。

第三期四年經建計畫期間，工業產品出口已於出口總值中占有重要地位，工業於整體經濟比重上也超越農業。臺灣經濟型態開始由農業轉向工業為主，「以農業培養工業，以工業發展農業」的目標也於此時坐收成效。隨著農業在經濟與出口總值所占比重減少，往後經建計畫之制訂，則以工業、電子業等二、三級產業為主體，對農業的關注不如前三期經建計畫。這揭示了農業已自培育工業發展的階段性任務功成身退，國內產業結構的變遷，以及國外環境的影響也促使臺灣農業面臨轉型階段。

（二）產業發展

1. 製糖業

1946 年 5 月，「臺灣糖業有限公司」於上海成立，並於 9 月開始在臺灣雲林虎尾、屏東、臺南總爺、新營等四地成立分公司。在資源委員會的協助之下，將臺灣原有的 42 座糖廠整併為 36 間，由四間臺糖分公司分區統轄，並盡速修復因空襲受損的工廠設備，著手重新投入生產。在 1945 到 1949 年政府遷臺前，臺灣糖廠已恢復戰前 60% 之產量（臺灣糖業股份有限公司，2006：125），所生產的糖除運往大陸銷售外，亦外銷日本、泰國、馬來西亞等地，為臺糖公司賺取不少外匯（陳明言，2007：108）。

1949 年，隨著國共內戰失利，臺灣糖業失去大陸市場，外銷市場僅存日本一地。加上因戰事緊張，糖價暴跌，蔗農存糖過多，植蔗意願低落，導致遷臺之初臺灣糖業陷入低迷。直到 1950 年韓戰爆發，臺海情勢略趨穩定，且國際糖價大漲，才又重新開啟了臺灣糖業的外銷市場。

1950 年代是國民政府實質意義上著手建設臺灣之始，過去已有外銷實績與相當產量的糖業便成為戰後初期重建臺灣經濟、累積外匯的重要主力。也因為臺灣糖業具有以外銷為取向的特質，故特別容易受到國際糖價波動影響，不僅影響我國外匯收入之多寡，更影響蔗農們的生計。為減少國際糖價波動所造成的衝擊，政府除沿用過去日據時期的公營制度、甘蔗採收區域、承包制度外，1950 年代初亦實施「斤糖斤米」制[2]，以及之後的其他保證糖價與補貼措施，讓蔗農即使在糖價低落時，仍能以穩定價格銷售存蔗，保障生計。此外，臺糖公司亦開始多角化經營，不僅在竹南設立養豬場，

2 「斤糖斤米」制度之核心，在於以二號白砂糖一斤之牌價（淨價），低於蓬萊米臺北市一斤批發（卸賣）市價時，由政府補足之間的差額，確保蔗農在國際糖價低落時的穩定收入，減少糖價波動造成的衝擊。

於臺東興建鳳梨廠，更在彰化、高雄等地，興建製糖副產品[3]的生產工廠，以達到分散風險、有效利用既有資源之成效。

1960年代，臺灣經濟體質已趨健全，工商產業亦有初步發展。1966年，受到國際糖價波動、工資上漲、都市化與工業化發展，以及國內其他作物與甘蔗競爭之影響，糖業發展陷入困境。對此，臺糖公司從經營體制方面著手改良，加速自營農地自動化腳步、更新製糖工場以提升製糖率、實施大廠制，減少行政管理單位並關閉數間糖廠減少開銷、建立砂糖平準基金制度等，自減少開銷與提升產量雙管齊下，在糖業發展不景氣的年代中力求生存。

1972年起國際糖價逐漸回升，對臺灣製糖業而言似乎又是一展身手的大好時機。高漲的糖價刺激農民競相種蔗，加上氣候條件配合良好，使臺灣產糖量在1970年代創下新高（臺灣糖業股份有限公司，2006：131）。但在國際政治局勢上，受到1971年退出聯合國、1979年與美斷交等外交危機，以及1973年、1979年兩次石油危機影響，自然也衝擊到我國糖業的外銷市場。此外，由於國內工業發展日漸蓬勃，紡織品與罐頭已成為我國外銷主力。過去累積外匯、健全臺灣經濟體質的糖業，其外銷創匯的重要程度也逐漸為紡織業、罐頭等產業所取代。

1980年代初期是國際糖價的高點，最高時可達每公噸1,000美元。自此之後，國際糖價節節下跌，1985年甚至跌到每公噸60美元以下，導致我國砂糖外銷虧損嚴重（陳明言，2007：120）。受到國際糖價波動影響，以及1985年後新臺幣大幅升值、勞動成本持續提高、國內產業重心移往工業、電子業等因素影響，臺灣製糖產業日漸式微。1985年，臺灣糖業發展方向出現重大變化，由原先外銷取向改採內銷為主、外銷為副，持續緊縮生產計畫並裁撤全臺各地糖廠（臺灣糖業股份有限公司，2006：131）。過去以糖米外銷撐起臺灣經濟的光輝歲月，也在此時畫下了句點。以往肩負臺灣糖

---

3 製糖所產生的副產品：糖蜜可供生產無水酒精與味精，亦是臺灣早期保健食品：健素糖的原料之一。榨汁後剩餘的蔗渣，亦可用於生產紙漿與蔗版。

業生產管理的臺糖公司，也在糖業褪下光環之時往其他領域發展，並於日後成功轉型，成為除製糖本業外，更橫跨生物科技、保健食品等事業部門之企業。

時序進入1990年代，廣袤的蔗田、運蔗的火車早已不復見，對糖的需求也由過去的自行生產，於1991年起改為自國外進口。1994年，臺糖公司與義美、金車、富美等國內食品企業，以及越南官方第一糖業總公司、清化糖業公司等合資，成立「越臺糖業有限公司」，在越栽蔗製糖，於當地或臺灣進行後續精煉，成為我國原料糖進口的海外來源。

2002年，臺灣加入世界貿易組織，砂糖進口採取關稅配額制度，開放民間標售權利金進口。2005年起為符合世界貿易組織自由化市場原則，便取消關稅配額制度，全面開放砂糖進口。這對國內食品業者而言是項福音，但對臺糖與國內仍持續栽蔗的蔗農而言卻是項嚴重衝擊。如何在全球化、自由化市場競爭下盡可能地保存國內糖業，讓這個曾擔負起戰後臺灣經濟復甦的力量、外銷創匯的尖兵，不至於因內外環境衝擊而消逝於時代潮流之中，將是政府需要努力的重點。

2. 罐頭工業

戰後，國民政府利用日本所留下來的技術與設備繼續發展工業，接收大鳳興業株式會社，更名為「臺灣鳳梨公司」，使之隸屬於臺灣省政府的農林公司。但約有十年的時間，鳳梨罐頭的生產成本偏高，外銷市場也不景氣。直到1955年之後，外銷景氣好轉，鳳梨罐頭工廠才又紛紛成立（李念恩，2004）。

1956年，政府推出鳳梨罐頭工廠設廠標準，著手整頓罐頭工業，工廠數量頓時銳減至22家。同時為降低生產成本，這些罐頭工廠採取聯合採購水果原料，以及藉由統一配銷空罐等方式，逐步建立起鳳梨罐頭的產銷秩序。除了鳳梨罐頭外，1958年起，臺灣的洋菇罐頭也開始外銷，以西德與美國為兩大主要銷售地區。

1960年代後，罐頭產業在外銷產品中已逐漸取代傳統糖、茶之地位，以鳳梨罐頭產業為首拓銷至歐美市場，成功為臺灣賺取大量外匯，為臺灣經濟發展奠定了厚實的發展基石。隨著鳳梨罐頭的外銷成長速度，洋菇罐頭產業也以驚人的速度成長外銷。同一時期，蘆筍也成功於彰化地區栽植。1966 年，經政府核定的合格外銷蘆筍加工廠高達 145 家，為蘆筍罐頭外銷奠定良好的基本體質。因此，在 1960 年至 1970 年間，鳳梨、洋菇、蘆筍此三種罐頭產業占食品罐頭出口數量與金額達八成以上，不僅是食品外銷創匯的尖兵，亦逐步累積日後臺灣經濟起飛的動力。

1970 年代，隨著臺灣整體經濟結構的改變，工商業發展迅速，農村勞力人口大量流失，導致工資與生產成本提高，無法與生產成本低廉的東南亞國家競爭，加上當時政治外交局勢的劇烈變化，衝擊我國外銷市場，因此鳳罐加工業逐漸萎縮，以致 1970 年代至 1980 年代的罐頭外銷量逐年下降。到 1980 年時，鳳梨罐頭產量已經減少到 100 萬標準箱，出口量不如菲律賓、馬來西亞、泰國等東南亞國家。同一時期，洋菇罐頭與蘆筍罐頭的外銷量與金額雖仍維持增加，但成長速度已經減緩。臺產洋菇罐頭在國際市場上的地位，也逐漸被法國、荷蘭與中國大陸的洋菇罐頭取代；蘆筍罐頭的地位也約在此一時期被中國大陸所取代。

1980 年代後，由於外銷市場逐步被其他國家產品所取代，導致罐頭產業發展由外銷導向轉變為內銷導向。新崛起的冷凍食品技術發展也逐漸取代罐頭產業，導致罐頭外銷逐漸衰退，成長大不如前。再加上農產品原料供應短缺與勞工成本不斷增加，以及 1985 年後新臺幣大幅升值等不利因素，使臺灣罐頭產業不再具有競爭力。過去出口的三「罐」王：鳳梨、蘆筍、洋菇等三家聯合出口公司也紛紛於 1990 年前後解散，罐頭業者若非歇業，就是轉型改做果汁食品，並以國內市場為鎖定目標。

1990 年代，臺灣高科技業興起，產業發展朝向資本技術密集型產業，使得食品加工業不是政府主流扶植產業。因此罐頭廠商面對產銷量衰退與經營困難的情形下，不得不縮小經營規模。另一方面，蘆筍種植面積因養殖漁業的興盛，大量抽取地下飲用水造成地層嚴重下陷，導致種植區域土壤鹽化而縮減，使得原料供應短缺，蘆筍罐頭產業快速萎縮。

2000 年後，許多罐頭食品工廠轉往人力與原料成本更低廉的東南亞與大陸設廠，使臺灣罐頭食品外銷比重更大幅降低，失去市場競爭力，外銷相較於過往大幅縮減，整體產值明顯衰落。加上臺灣加入 WTO 後，開放其他國家食品自由進口，更是對臺灣罐頭產業造成莫大的競爭與衝擊。

罐頭食品產業邁入 21 世紀後，也朝向創新思維開發，往保健食品、銀髮族醫療營養食品、生物科技產品、家庭寵物罐頭等多方進行製造設計。此外，近年來消費者受到健康意識影響，對罐頭食品抱持有「保質期長」、「添加防腐劑」等誤解。但現今臺灣罐頭食品產業經製罐流程標準，真空密閉、高溫殺菌與室溫保存三大項原則，以物理方式延長食品保存期限，強調未添加防腐劑，希望打破以往消費大眾對於罐頭食品的刻板印象，讓罐頭食品能夠在國內外市場上仍具有一席之地。

3. 麵粉工業

臺灣之麵粉加工業，於日據時期始有小規模種植小麥與輾麥製粉生產。當時雖有海南製粉株式會社、朝日製粉株式會社兩家稍具規模者，以及其他民營製粉廠生產麵粉，但由於臺人飲食習慣以米食為主，加以臺灣氣候不適合種植小麥，這些製粉廠的產能皆不大。加上二戰後期臺灣遭受盟軍轟炸，各式工廠設施毀損嚴重，因此戰後初期麵粉加工之規模不大，多由碾米廠兼營，小麥來源則以國產小麥為主。

1949 年國府遷臺，伴隨而來的大批軍民，其中不乏以麵、麥為主食的北方人士，促使國內對麵粉的需求增加。1950 年美援恢復後，援華麵粉與小麥進入臺灣，適時舒緩國內食物需求，小麥的穩定供應更促使國內麵粉加工業的興起。

1952 年臺灣麵粉工業同業公會成立，建議政府將美援進口麵粉改為進口小麥，一方面進口小麥價格要較麵粉便宜，可收節省外匯支出之效；另一方面加工小麥則能促進麵粉工業穩定發展，健全國內工業體質，且加工小麥後產生的副產品：麩皮可用於生產飼料，帶動飼料業興起（大豐麵粉廠股份有限公司，年份不明）。有了原料上的穩定供應，1952 年後國內民營麵粉廠紛紛成立，既有麵粉廠亦擴充其設備產能。由於麵粉業者數量激增，導致國內麵粉供過於求，總產能超過實際需求甚多。政府為避免廠商惡性競爭，以及產能上的浪費，便於 1953 年 10 月限制新麵粉廠設立，既有舊廠亦不得擴充產能，並延請製粉專家前往各廠勘查其產能，作為美援小麥加工分配比率依據，以保護麵粉工業穩定發展。

為整頓製粉廠擴增所導致的亂象，1954 年政府頒布「麵粉小麥分配管理辦法」，詳細規範麵粉廠之產能、設備、倉儲與安全衛生等規定，隔年則由中央標準局訂定麵粉品質標準，讓國內麵粉工業的產銷制度步上軌道（大豐麵粉廠股份有限公司，年份不明）。

由於美援小麥與麵粉大量湧入，以及國產麵粉穩定供應，加上政府亦欲推廣麵食，遂於 1960 年由麵粉公會成立推廣麵食小組，1962 年由美援會、農復會及麵粉同業公會共同出資成立臺灣區麵麥食品推廣委員會，以巡迴表演及撰文宣導等方式推廣麵食製作方法與麵食的益處，試圖將臺灣過去以米食為主的飲食習慣，改為米、麵食並行，不僅改變了臺灣的飲食結構，更為麵粉工業、烘焙業等麵粉相關業者開拓了內需市場，也開始有麵粉銷往星、馬、港、泰等周邊地區。

1965 年美援停止後，政府開放小麥以外匯採購方式由廠商自由進口，並於 1967 年解除麵粉廠設廠限制，麵粉工業進入自由競爭時代。統一企業即於此時以生產麵粉起家，而後逐步擴大其集團規模，跨足流通事業，成為今日製販垂直整合的食品集團。

新廠商的加入，以及小麥自由進口，自由競爭的背後卻潛藏著衰落的因子。各廠家競相進口小麥製粉，但麵粉需求量並未高度提升，因此再一次導致國內市場麵粉供過於求，廠商削價求售。廠商在無利可圖之下只好減少小麥進口，卻又造成市場麵粉短缺，價格暴漲。如此供需失調的惡性循環不斷重演，促使政府於 1970 年訂定「大宗物資進口辦法」，小麥由原先自由進口，改由南、北部麵粉業者組成採購組合向中央信託局申請代辦招標採購與進口事宜。麵粉公會則成立進口小麥聯合採購委員會配合進口辦法實施，從而穩定麵粉數量與價格，配合1972年成立之麵粉平價基金，開啟臺灣麵粉工業穩定發展之局面。

1990年代，隨著國際麵粉價格高居不下，麵粉平價基金於1994年底調高，更於次年元月起調漲國內麵粉售價，對國內民生消費造成衝擊。2000年以後，順應全球化、自由化貿易趨勢，我國於2002年加入世界貿易組織，除落實自由貿易外，亦取消麵粉平價基金，國內麵粉業者面臨國外進口麵粉的直接競爭。如何在自由化競爭下的今日，減輕國內麵粉產業所受的衝擊，將民生消費受到的波動降至最低，乃是政府亟須留意的課題。

4. 製油業

臺灣之食油工業起源甚早，清代時期便有舊式油坊以傳統物理壓榨方式製油，材料則以芝麻、菜籽、落花生等含油量較高的作物為主。《諸羅縣志 ‧ 物產志》:「香油，脂麻油也，有黑白二色。菜子油、落花生油，麻貴時，以和香油亦可食。蓖麻油，煮糖用之。」由此可知，清代臺灣的食用油以麻油為主，只有在油價喧騰時才以菜籽油、落花生油等替代食用油脂。而製油在當時只能算是農家副業之一，以簡陋設備帶動木製油車物理壓榨生產，尚未有大規模製油工業出現（袁丙午，1966）。

日據初期，臺灣的製油工業尚無重大進展，設備上同樣是以人力、獸力帶動的木製榨油機為主，尚未出現近代化製油設施。榨油原料方面，由於日人對落花生的品種改良，使落花生的栽種面積與產量增加，1913年後取代芝麻油成為主要民生食用油脂。在新技術方面，1937年中日戰爭爆發，為增加軍需用油產量，謀使讓臺灣食油自給自足，總督府鼓勵日人在臺投資新式榨油廠，引進水壓式榨油機及連續式榨油機等新設備榨油（袁丙午，1966：243）。新原料方面，則出現了黃豆與米糠榨油。就數據上來看，遲至1915

年臺灣才出現黃豆油生產的紀錄，1929 年起產量便超過花生油，成為日後民生主要用油。米糠榨油亦始於日據時期，除作為食用油供應來源外，亦用於製造潤滑油之用（袁丙午，1966）。

戰後國民政府接收日人油廠設施，與民間自營油廠合為食用油主要來源。1949 年國府來臺以後，若干大陸人士開設製油工廠，並以大陸時期所慣用且效率較佳，人力與電力混和驅動的山東式榨油機為榨油設備，為臺灣製油業掀起了一波機械化革新，許多舊式製油廠也跟進採用，提高生產效率（高志明，2015：125）。

1950 年美援物資抵臺，大批的黃豆為臺灣製油工業提供穩定的原料來源。有鑒於製油原料與市場日趨飽和，政府於 1951 年 8 月起限制新設製油廠，以保護製油工業的穩定發展。1952 年「臺灣區植物油製煉工業同業公會」成立，負責植物油製煉等相關業務的推動。1954 年，國營的高雄農業化工廠自美國引進較為先進溶劑提油設備，萃油率較之傳統物理壓榨要來得高，成本亦較之來得低。其他民間工廠為爭取更多美援黃豆榨油，亦紛紛跟進籌購溶劑提油設施（袁丙午，1966：244）。為鼓勵廠商使用新式溶劑提油方式生產食油，提高臺灣製油工業水準，政府於 1958 年底解除限制設廠規定，並獲得美援當局同意，特准給予創設溶劑製油廠的業者貸款援助。政府的支持與美援貸款協助一方面促使新式榨油廠數量增長，自 1960 年的 18 家，成長到 1961 年底的 38 家，另一方面則刺激了臺灣製油工業的近代化，溶劑提油成為至今製油主流方式（袁丙午，1966：244）。

製油廠解除設廠限制後雖使得臺灣製油工業快速發展，卻也造成產能過剩、國內市場飽和等問題。因此政府復於 1963 年起再度限制製油廠設立，亦停止物理壓榨式工廠變更使用溶劑提油設備的登記（聯合報，1963）。1965 年美援停止後，原先穩定的黃豆供應也隨之消失，促使同業公會的會員廠採取自行分組採購黃豆，以維持國內製油工業的穩定運作。1966 年起，政府再度解除製油廠設廠限制，業者亦積極擴生產設備，並使用溶劑提油技術增加產量，生產力提升五倍（高志明，2015：126-127）。

1972 年後，由於公會會員廠投資過多，導致製油工業產能過剩，超出國內需求量五倍。再加上石油危機爆發引起物價波動，導致 1975 年時臺灣製油工業陷入困境，因而出現要求「協調申報額度，聯合採購」的聲音（高志明，2015：127）。在政府的支持與製油業者的配合下，「臺灣區進口黃豆聯合工作委員會」於 1976 年成立，以「申報額度，聯合採購」制度實施，給予製油廠商與貿易商配額，各家廠商依其配額數量每月穩定進口黃豆，佐以政府成立黃豆平準基金、確立黃豆安全庫存量、增建卸貨碼頭與倉儲設備等措施，穩定物價並提升製油業的根本體質，讓遭逢產能過剩與石油危機衝擊的製油工業絕處逢生（高志明，2015：128）。

以配額控制黃豆進口數量雖有利於節制生產，維持市場穩定，但長久實施以後卻反而成為抑制製油工業成長的枷鎖。由於廠商需有配額才能進口黃豆，配額的數量多寡便成為廠商可生產多少油的指標。但配額分配無法公平合理，導致許多新加入的製油商無法爭取到配額進口原料開工，而部分廠商不事生產，卻因手上握有配額而坐享利益。1988 年，政府取消黃豆平準基金辦法與聯合採購模式，開放黃豆自由進口，推動貿易自由化政策。

在自由貿易競爭下的今日，製油業已成為一內需取向的食品工業，面對國內市場而少量出口。過去林立的製油廠商幾經整合、淘汰，溶劑提油廠已走向大型化、自動化與集團化的「大者恆大」型態，以大統益、中聯、大統長基、臺糖等廠商為代表。仍以傳統物理壓榨式製油的廠商，也因較之溶劑提油式廠商原料成本高、製油產量低，以及替代性油品增加等因素而逐漸式微。國外進口油脂亦使臺灣食用油脂市場產生變化，過去占優勢的芝麻油、花生油等已退居二線，成為製作特殊料理時才會用到的食油；棕櫚油、橄欖油則成為消費率僅次於黃豆油的食用油脂，深入臺灣民眾的廚房與餐桌上。多元的食油雖豐富了民眾的選擇，卻也讓油脂來源的掌握與把關更顯得困難重重。

2013 年爆發的油品添加銅葉綠素染色，並以低價棉籽油混充橄欖油事件，以及隔年爆發的黑心豬油、飼料油混充事件皆凸顯了臺灣在食品法規與把關上的不足，以及對食品原料溯源上的缺失。接連發生的油品食安問題不僅衝擊了臺灣食品業與製油業的形象，更讓消費者對「食的安全」失去信心。未來製油業要如何從根本上嚴格溯源把關，重塑形象並挽回消費者的信心，想必對業者與政府單位而言，會是個重大挑戰。

5. 冷凍食品業

臺灣之冷凍食品工業興起於1950年代後期，最早始於製冰業者，以遠洋漁船捕撈到的漁獲為原料的附帶加工品，因此外銷出口數量極少。而後由於國際冷凍食品市場擴大，加上國內農作生產尚稱充沛，因而自1960年起臺灣冷凍食品工廠大量增加，所生產冷凍食品也以外銷導向為主，內需市場則因消費者飲食習慣仍以生鮮食品為主而有待開發。1969年政府將冷凍食品工業之推動列入第五期四年經建計畫中，使得當年度冷凍食品外銷大幅成長，可供外銷冷凍食品種類也自最初的魚類製品，往冷凍畜產等多元發展，同樣以外銷市場為導向，其中尤以日本為外銷大宗。歐美市場則因臺灣冷凍食品業發展初期在屠宰、加工程序上尚未成熟，不符合當地衛生法令而禁止進口肉類產品，僅接受冷凍蔬果、魚類製品進口。

冷凍食品因能保存食物的原色原味，冷凍狀態亦利於長程運輸，因而成為國際食品市場上的寵兒。相較於傳統食品加工業，冷凍食品業由於需經過冷凍過程，所需技術層次也來得高，加上冷凍食品加工對原料食材的新鮮度，以及加工過程對衛生條件要求極為嚴格，運輸、儲藏與販賣過程中也需搭配冷凍冷藏系統，因此設立冷凍加工廠所需的投資數額遠高於其他食品加工廠的數倍以上，成為食品加工業中入門門檻較高者。

1970年後，國內冷凍食品受到全球性經濟不景氣、漁獲區受限與國內農產原料減少等影響，部分工廠陷入停工狀態。加上過去幾年冷凍食品工廠大量出現，產品品質難以掌握，削弱了外銷的優勢（許立峰，1987：67）。

在冷凍食品外銷衰落之際，需要更高加工技術的冷凍調理食品出現，成為冷凍食品工業新領域，並於1980年代順利打入歐美與日本外銷市場。1988年行政院農委會與衛生署推動CAS優良冷凍食品標誌認證制度，積極推廣冷凍食品內需市場，亦促成外銷市場的大幅成長。臺灣民眾之飲食習慣也隨著社會發展而有所改變，開始講求快速與便利的飲食。調理快速又不失原有風味的冷凍調理食品，便成為社會結構改變下的新寵兒，大量出現於臺灣民眾的餐桌上。

2000年以後，冷凍食品仍是臺灣食品外銷的重要主力，但冷凍調理食品卻已被視為完全內需型的產業（王宏仁，2001），且存在同質性過高、市場狹小且供過於求的困境（臺灣銀行經濟研究室，1997：2）。在國內市場飽和的情況下，業者必須思考多元開發食品項目以滿足消費者需求，或是在全球化佈局風潮下向外投資，開拓海外市場，以獲取冷凍食品產業的發展生存空間。

（三）食品工業發展研究所的成立

1960年代，臺灣食品產業正值發展加速時期。日據時期留下的罐頭工廠雖於空襲中受損嚴重，但經歷十餘年的苦心經營，罐頭工業成為臺灣戰後外銷的重要主力，並造就日後鳳梨、洋菇、蘆筍等罐頭行銷世界的奇蹟。

罐頭工業的發展雖為臺灣賺進外匯，但其基本體質仍未臻健全。戰後如雨後春筍般成立的罐頭工廠絕大多數以生產鳳梨罐頭為主，在產品項目上仍有待擴充。各罐頭工廠在加工設備與生產品質上良莠不齊，連帶影響外銷產品的品質穩定，這對剛打進國際市場，亟需建立良好產品信譽的臺灣而言是一大隱憂。

當時擔任臺灣區罐頭食品工業同業公會理事長，且為臺鳳創始者的謝成源先生，以及梅林罐頭食品公司董事長顧士奇先生，二人曾赴歐洲考察國家科學及工業研究所（CSIRO），加上赴美考察食品工業時發現，其罐頭協會所設三個研究所對食品工業的發展有極大貢獻，因而建議我國政府應出資成立類似之食品科研機構。在時任經合會副主委的李國鼎先生支持下，由民間主導，政府從旁協助成立的食品工業發展研究所（以下簡稱食品所）便於1964年開始籌備成立。

食品所的成立結合了經濟部、經合會與農復會等單位的協助，以及罐頭公會自籌的八百萬元新臺幣為初期經費，並接受聯合國專家建議，申請聯合國世界糧農組織（FAO）專案計畫補助，使食品所自成立初始便具有國際化色彩。由民間企業主導，政府從旁協助的成立模式更確保食品所的超然位置，避免日後變質成官僚機構而失去其原意（廖慶洲，2004：180）。

1965年11月，食品所正式成立，在時任經濟部長的李國鼎堅持下落址於新竹，以求充分利用鄰近的清大與交大研究資源。由於1960年代適逢罐頭工業積極拓展外銷之際，食品所成立又與罐頭公會的極力奔走促成淵源甚深。因此食品所成立之初多以研究改良罐頭加工技術為主，有助於國內罐頭工業技術與品質之提升，強化臺灣罐頭的國際競爭力。

隨著經濟蓬勃發展，其他食品工業陸續興起，以及臺灣罐頭外銷量逐漸減少，食品所亦將其研究領域拓展到其他食品工業。1984年經濟部核准促進食品工業技術及管理升級計畫，指示食品所轉型研究食品加工、包裝、工程、市場與生物科技領域，成為一全面化對臺灣食品產業升級研究之單位（廖慶洲，2004：182）。為響應政府推動生物科技發展，食品所提出菌種保存計畫，並興建菌種中心大樓，保存研究微生物。2002年，菌種中心更名為生物資源保存及研究中心，由原先的保存性質轉型成為對細胞、基因等生化領域研究，為亞洲最完整之生物資源中心。

2005年，食品所於臺南成立南臺灣服務中心，將其編制擴大為產品及製程研發中心、技術服務及推廣中心、生物資源保存及研究中心、檢驗技術研發及服務中心，以及南臺灣服務中心等五大中心，涵蓋領域從食品製程、技術研發，到生物資源的保存，以及為業界提供服務等無所不包。

食品工業研究所最初為服務罐頭工業而因運而生，隨著時代發展而調整其角色，如今成為國內首屈一指的食品產業研究單位，專司食品技術改良研發，提供產業相關諮詢服務，以及對中小業者的技術支援。在食安問題層出不窮，食品安全成為重要課題的今日，如何讓民眾食得健康、食得安心也成為食品所持續關注的議題。

三、轉向內銷與食衛制度萌芽期（1972~1990）

1970 年代對臺灣而言是個衝擊的時代。1971 年退出聯合國及 1979 年與美斷交，使臺灣在國際地位上更顯無力，連帶影響對非邦交地區的貿易談判能力。1973 與 1979 年爆發的兩次石油危機臺灣所受衝擊雖小，但對國際市場造成的衝擊連帶削弱了臺灣的出口能力。

過去長期擔負臺灣外銷主力的罐頭工業，也於 1970 年代開始走下坡。隨著國內工資上漲、農業萎縮導致原料成本提高、新臺幣大幅升值，以及夏威夷、菲律賓、馬來西亞、泰國等地區商品大舉搶攻國際市場等不利因素，以致臺產食品外銷成績日漸低落，食品工業亦自 1970 年代後期由外銷導向轉而重視內需市場（表 1-1）。

表 1-1　臺灣食品工業的角色變遷（1952-2013 年）

年份	1952	1962	1972	1982	1992	2002	2013
農產加工品占總出口比率（%）	69.8%	37.6%	9.9%	5.1%	3.6%	1.3%	1.1%
市場導向	外銷導向 → 內需導向 → 特定消費與高附加價值導向 → 全球佈局						
扮演角色	出口賺取外匯支持工業發展 → 增加農產價值提高農民所得 → 滿足國民食品需求提高國民生活素質 → 提供優質健康便利食品滿足國人膳食保健需求						

資料來源：財團法人食品工業發展研究所，《2014 食品產業年鑑》，作者自繪

由於食品外銷在衛生標準上需符合國際標準，加上內需市場持續擴大，對食品衛生條件與安全的要求也日益提升。1970 年代起，一連串食品衛生與安全相關法條及認證制度陸續制定，為臺灣食衛體系建立起基本雛型。

1980 年代，由於臺灣經濟結構由工業逐漸轉向電子產業發展，農業所占生產比例則持續萎縮，人力亦由農業部門流往二、三級產業。食品產業雖有大量人力持續投入，但面對原物料價格與工資持續上漲，以及新臺幣持續升值，加上陸續建立的食衛制度規範，如何在符合食品衛生與安全的前提下擴大內需市場，成為各食品廠商必須思考的課題。

（一）食品安全問題浮上檯面

食品安全的概念，最早出現於1996 年，由世界衛生組織（WHO）所提出。該組織將「食品安全」界定為「對食品按其原定用途進行製作、食用時不會使消費者健康受到損害的一種擔保」，並將食品衛生界定為「為確保食品安全性和適用性在食物鏈的所有階段必須採取的一切條件和措施」（周應恒，2008：3）。

對臺灣食品產業而言，食品安全的定義與重視的項目亦隨著社會經濟，以及產業導向而有所不同。1950、60 年代，臺灣正值經濟重建階段，對食物的要求在於滿足島內人民基本生存需求，如何讓人民「吃得飽」成為當時的最高原則。因此當時對於食品安全衛生的要求不高，一直要到經濟條件改善，基本溫飽問題得以滿足之後，才有餘力改善食品安全與衛生相關問題。

早期政府並無專門針對食品安全的法律制度，只能以行政命令規定。對於違反者，只能以行政執行法、違警罰法或刑法等法規予以論處。1969 年，內政部擬定「食品衛生管理條例草案」，為臺灣食品安全衛生相關法規之開端。1971 年衛生署成立，在藥政處下設食品衛生科，正式對食品安全與衛生有明文規定與制度上的設置，並於1975 年通過實施「食品衛生管理法」，食安相關制度法規自此初具雛形。

在食品衛生管理法實施後不久，即爆發臺灣早期最嚴重的食安公害事件。1979 年，彰化一間油脂工廠在生產米糠油過程中，用於替油脫臭但具有毒性的多氯聯苯（polychlorinated biphenyl, PCB）因管路裂縫洩出，污染到米糠油而造成食用者中毒。雖然日本早在1968 年時已經發生過類似事件，並提出以新技術替油脫臭的概念。但當時臺灣仍未察覺此潛在風險，從國內報紙信誓旦旦地聲稱「國產米糠油品質很好，30 年來從未發生過中毒事件」，即可見當時人們對食安潛在風險的輕忽大意（經濟日報，1968）。

此次米糠油中毒事件，受害者高達2,025 人，多集中於臺中、彰化與苗栗地區。多氯聯苯可能透過孕婦垂直傳染給胎兒，使新生兒出生時有皮膚發黑、眼瞼浮腫、免疫力功能受損等問題。油症兒長大後，也可能產生智力與體力發展遲緩、注意力不集中、攻擊性行為等現象（陳昭如，2012）。

米糠油事件引起消費者保護意識抬頭，促使消費者文教基金會在1980 年成立，並替受害者向高等法院提起訴訟，政府單位亦提供油症患者與其後代相關的後續醫療補助，並於1988 年宣布食品工業全面禁用多氯聯苯，避免類似事件再度發生。米糠油事件反映了當時食品安全衛生制度與法規層面的不足，以及對食品安全潛在風險的忽視，促使政府開始審視現行法規制度。在制度上，當時政府在處理食安問題時所參與的機構過於複雜，以致權責劃分不清。法規上，相關法條訂定不全或內容不適，導致無法有效執行食品安全管理。透過對以上缺失的檢討，促使相關權責單位每隔數年，便依據當時環境需求加以增修食品衛生管理法，並訂定相關法規、檢驗制度作為輔助，冀望以法規制度的完善來替食品安全把關，避免類似米糠油事件的悲劇再度重演。

1980 年代臺灣經濟起飛，國民所得亦隨著經濟成長而日益提升，對食品的需求也自單純果腹提升至重視食品品質。再加上臺灣食品外銷國際，在衛生品質方面需與國際標準接軌，也致使臺灣食品安全相關法規、檢驗項目有著相應的調整。過去農業社會尚可容忍的食安衛生標準，已無法滿足當時對食品安全管理的要求。於是在1983年，「食品衛生管理法」首次進行全文修正，旨在擴大食品衛生管理範圍，提高檢驗食品的農藥殘留，以及管制加工食品的安全面向。認證方面，1989年分別制定了CAS優良食品標誌，以及食品GMP認證兩項制度，一方面由廠商自願申報檢驗，通過者授予相應認證標章，由政府為其品質背書；另一方面，食品認證制度也提供消費者購物時的識別選擇，讓消費者能夠買得安心，更能吃得安心。

（二）重要法規政策

1. 食品衛生管理法

1970年代臺灣食品產業開始由外銷取向轉往內需市場，對於食品加工的衛生與安全也日益受到重視。食品衛生管理法之研修，最早始於1969年，由內政部研擬「食品衛生管理條例草案」，並於1971年成立衛生署。1975年，立法院通過實施「食品衛生管理法」32條，舉凡食品相關定義、衛生、標示及廣告、作業環境與查驗罰則等皆加以規範。其後數年便加以增修，並於1983年進行第一次全文修正。總條文迄2013年已增至60條，並因應國內外環境變遷，以及層出不窮的食品安全問題，陸續增加食品安全風險管理、食品輸入管理及食品檢驗等條文。

2014年，「食品衛生管理法」更名為「食品安全衛生管理法」，對食品安全檢驗、食品業者與食品標示，以及食品原料來源追溯等項目加以制定修正，期望能以政府法規的力量強化食品安全，讓民眾吃得安心，挽回消費者對臺灣食品的信任。

2.CAS優良食品標誌

1986年，行政院農委會依據「優良農產品標誌制度作業要點」，推行「優質農業」、「安全農業」與「精緻農業」之理念，提升國產農林水牧業加工食品品質，提供國人安心選擇國產食品，於1989年起訂定CAS（Certified Agricultural Standard）優良食品標誌，從生產工廠設施、產品規格、衛生、包裝標示等，皆訂定相關標準規範，為農產相關食品之品質保證。

目前 CAS 認證以農產相關食品為主，其驗證項目涵蓋16大類，分別為肉品、冷凍食品、果蔬汁、食米、醃漬蔬果、即食餐食、冷藏調理食品、生鮮食用菇、釀造食品、點心食品、蛋品、生鮮裁切蔬果、水產品、吉園圃安全蔬果、有機農產品及林產品。

此 CAS 認證為自願性證明標章，食品生產者將其產品送驗，由專家學者嚴格檢驗把關，通過後授予 CAS 標章證明，並准予於其產品上標示 CAS 標章，一方面保證產品之安全無虞，另一方面也提供消費者購買時的清楚辨識，選購安心有保障的國產食品。

3. 食品 GMP 認證

1989 年對臺灣食品產業而言是相當重要的一年。此年不僅訂定了 CAS 優良食品認證標章，由經濟部工業局所主導推動的食品 GMP（Good Manufacturing Practice）認證制度亦於 1989 年制定。

GMP 相較於 CAS 認證標章，兩者同屬廠商自行送驗認證，且同樣為追求食品品質而設立。但 CAS 認證以國產農產品及其相關食品為主，而食品 GMP 則以加工食品為主，更為注重食品製造過程中的品質與衛生自主管理，且接受檢驗的範圍更廣，幾乎涵蓋所有食品產業。

食品 GMP 認證項目隨時代演進而擴增，目前已有27+1（其他食品）項認證項目，分別為：飲料、烘焙食品、食用油、乳品、粉狀嬰兒配方食品、醬油、食用冰品、麵條、糖果、即食餐食、味精、醃漬蔬果、黃豆加工品、水產加工品、冷凍食品、罐頭食品、調味醬類、肉類加工食品、冷藏調理食品、脫水食品、茶葉、麵粉、精製糖、澱粉醣類、酒類、機能性食品、食品添加物與其他一般食品類。

食品 GMP 認證同樣也是希望透過廠商自主申報檢驗，通過後給予 GMP 標章，讓民眾在選購食品時能夠清楚辨識，食得安心。食品 GMP 制度實施以來，國內已有四百餘家食品業者，超過三千四百項食品通過 GMP 微笑標章認證，確保食品品質與衛生安全無虞。但2000年後臺灣食品安全問題頻傳，其中不乏通過GMP認證之大廠，讓民眾對GMP認證產生懷疑。2010年後陸續爆發的嚴重食安問題，使民眾更難相信食品GMP認證的食安把關功能，加上負責審核的食品GMP發展協會，其成員多為國內食品大廠，自審自核不免有球員兼裁判的疑慮，更重創了食品GMP標章的公信力。

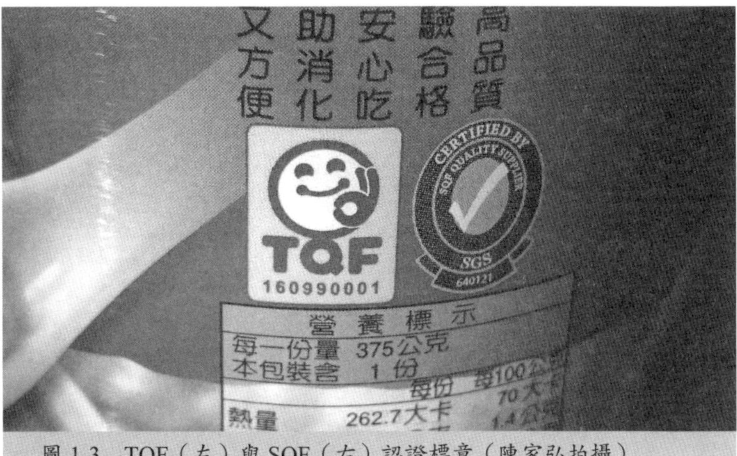

圖 1-3　TQF（左）與 SQF（右）認證標章（陳家弘拍攝）

為挽回民眾對食品GMP認證制度的信心，工業局推動GMP精進方案，讓新制GMP制度於2015年元旦上路。新制GMP制度要求過去通過GMP認證的廠商，其認證由過去廠內單一產線產品，擴大到全廠同類商品均須通過驗證標準，並由公正第三方查證後始能獲得工業局GMP認證，加強對食品安全的把關。

工業局對GMP的改革似乎難以挽救因食安風暴而嚴重受損的形象，新制GMP於2015年初實施不久後，同年9月底便宣告廢止食品GMP推行方案，微笑標章歷經26年歲月後正式畫下句點。取而代之的，是由納入民間消保、通路團體的「TQF」（Taiwan Quality Food，臺灣優良食品）承擔食品驗證的重責大任。

相較於GMP，TQF在內涵上繼承了GMP精進方案的部分精神，並在此基礎上加以擴大。TQF與GMP的差異如下：

1. GMP授證單位為GMP協會及官方的經濟部工業局，TQF則為來自民間的臺灣優良協會。過去GMP協會成員多為國內食品大廠，核發認證不免讓人質疑其公信力。TQF成員除食品廠商外，更加入通路商、原料供應鏈業者，以及來自民間的消保團體等單位。

2. 過去 GMP 採單生產線單項產品認證，只要一項產品通過 GMP 認證，其他同類產品皆可貼上 GMP 微笑標章。TQF 改善了這項疏漏，延續年初 GMP 精進方案之精神，同類產品必須全數通過認證後才得授與標章，不再有一張認證全廠通用的情況發生。
3. GMP 主要針對食品廠內原料、從業人員及生產過程是否合乎規範，而未納入原料溯源管理。TQF 則要求廠商徹底掌握原料來源與生產環節，確保各製程中的原料皆可追溯來源。
4. 以往 GMP 稽查效率不彰，TQF 則採一年二檢制度，採一次預警稽查、一次無預警稽查方式，委託食品工業研究所、中華穀類食品工業技術研究所等單位稽核驗證，並嘗試導入美日韓等國使用的「全球食品安全倡議」（Global Food Safety Initiative, GFSI）食安管理系統，讓臺灣在食品安全上能與世界先進國家接軌。

即便 TQF 對 GMP 的缺陷加以改革修正，但仍有業者對 TQF 抱持懷疑態度，認為 TQF 較之 GMP 仍是換湯不換藥。且制度落實在於人為，即便有良好制度規範，業者若無法嚴格遵守，同樣無法為食品安全把關。TQF 能否取代 GMP，成為替民眾把關食品安全的象徵？則仍需時間加以證明。

四、全球化與高附加價值產品導向期（1990~ 至今）

1990 年代，隨著國民所得提高與健康、養生觀念的興起，對食品的要求也自滿足基本需求的「吃得飽」，提升至「吃得健康」與「吃得有品質、有品味」。國內食品廠商除了在食品品質提升上做出回應，同時亦面臨加入 WTO 後國外食品競爭、步入高齡化社會衍生的保健養生問題，促使國內食品廠商開始往保健、健康食品方面升級轉型，臺灣食品產業進入高附加價值階段。

2010 年後，食品安全事件層出不窮，其中又以 2011 年的塑化劑事件、2013 年毒澱粉與假油事件，以及 2014 年爆發的餿水油、飼料油混充食用油等食安事件最為嚴重，讓民眾開始反思：在除了「吃得健康」、「吃得有品味」外，如何才能「吃得安心」成為今日政府與民眾最關注的議題。

（一）加入世界貿易組織（WTO）

臺灣於1995年加入關稅暨貿易總協定（GATT），據其烏拉圭回合（1986-1994）之協議，於1995年成立世界貿易組織（WTO），各國過去為保護國內產業而設定的配額（Quota）制度，也因WTO的成立而逐年減少，最終回歸自由貿易體系。2002年，臺灣加入世界貿易組織，依其架構可享有貨品貿易多邊協定、服務業貿易總協定等多項協定架構，與國際貿易體系接軌，促進國內產業升級。

加入WTO使得國外農產品與食品得以用相當低的關稅輸入臺灣，對追求國外食品的消費者而言是項福音，從食品加工業角度來看也是件好事。1980年代中後期，由於新臺幣大幅升值，以及國內原物料價格與工資調漲造成生產成本上揚，食品加工業者開始往周邊生產成本較低地區設廠投資，其中以東南亞國家為先，1990年代後才大舉進軍中國設廠投資。加入WTO使得國外農產品得以大量且低價的進入臺灣，無疑降低了食品業者原物料成本的支出，同時也減少食品外銷的關稅支出，對根留臺灣與海外布局的食品業者而言是項利多，但也需面對外國食品競爭有限市場的現實。

加入WTO以後，對原來就已日益萎縮的本土農業造成嚴重衝擊。在面對國外大量且低價的農產品競爭下，產量少、成本又高的本土農產品難以與之競爭，加上政府農業保護政策因應WTO自由貿易而大幅修正，更降低了本土農業的競爭力。過去用以培養工業，支撐臺灣戰後初期經濟發展的農業已成為明日黃花，在國內生產總值所占比例亦持續降低。近年來，結合觀光與高科技經營的農業興起，亦有不少年輕一代重拾農具，回歸田野經營農業。觀光、科技與新血的加入能否為臺灣農業走出另一條道路，其成果仍尚待檢驗。加入WTO雖對國內食品業者與消費者有正面的影響，但對國內農業與其他產業所造成的影響也難以估計。如何將負面影響降到最低，以及如何輔導國內農產業者轉型，或是往高附加價值產品發展，將是政府必須思考的面向。

（二）走向高附加價值：保健食品大放異彩

在面對國外食品大量進口，以及民眾在滿足基本飲食需求之際，開始追求食品品質與健康飲食，臺灣食品產業走向高附加價值階段，主打有益身體健康、補充養分攝取的健康與保健食品。

臺灣保健食品的出現，最早可追溯至1960年代，臺糖公司以糖蜜、酵母粉、砂糖製成，裹上繽紛糖衣的「健素糖」，由於具有蛋白質、維他命B、胺基酸等人體所需元素，適合成長期學童與孕產婦等營養不足者補充養分，培養國民強健體魄。因此在農復會專家的推廣，以及臺糖免費在學校發放健素糖與酵母片的宣傳下，健素糖成為臺灣保健食品的先聲，也成為許多長輩們的童年記憶。

與健素糖幾乎同時發展的，是原先欲作為替代糧食的綠藻。由於綠藻生產成本低廉，又富含豐富營養素且培植容易，綠藻很快便成為臺灣重要產品，也出現以綠藻養豬、養蜂，或製成魚飼料、奶粉與營養飲料等多樣化用途。

雖然綠藻最初是以替代內需糧食為訴求而展開生產研發，但實際讓其大放異彩的卻是在外銷方面。綠藻的外銷幾乎集中於日本市場，由於日本經濟發展較臺灣來得早且成熟，民眾養生保健風氣盛行，臺灣生產的綠藻被視為高蛋白營養食品，且具有整腸健胃、促進代謝等保健功效，一時之間讓日本市場對綠藻的需求量大增，國內綠藻工廠也由兩家增為26家，外銷金額也自1973年的40萬美元，激增至1975年的390萬美元（陳映慈，2006：30）。

1977年，日本爆發食用原料來自臺灣的綠藻片，引起嚴重皮膚過敏事件，大大地影響臺灣綠藻在日本的銷量，進而衝擊國內綠藻工業。在外銷受阻情況下，綠藻市場逐漸自外銷轉往內需方面，以藻片、綠藻餅乾等形式打入國內保健食品市場。

1978年2月，經濟部國貿局正式核准歐美健康食品進口，打開了臺灣與國際保健、健康食品接軌的管道。次年，國際知名食補企業白蘭氏（BRANDS）進入彰化投資設廠生產雞精，為食補相關外商公司進入臺灣之先聲。由於東西方皆有飲用雞湯調補身體之文化，使雞精進入臺灣市場時能有不錯的接受度，加上白蘭氏進入臺灣市場時間較早，在缺乏同質競爭者的情況下看似發展前景大好。但當時雞精仍屬高價補品，一般民眾較難負擔，僅有律師、醫師等高收入族群得以消費，一時之間尚難以普及（滕淑芬，2015）。

1980年代傳銷、直銷事業在臺興起，也開啟歐美健康食品在臺銷售的另一條通路。1982年美國多層次傳銷公司安麗（Amway）在臺成立公司，推出高蛋白素營養品搶攻保健食品市場，成為臺灣第一個引進保健食品的直銷業者。傳銷直銷事業也成為健康保健食品銷售渠道之大宗，在許多媒體與平面廣告上都能看見其身影。

臺灣經濟於1980年代開始快速成長，養生保健風氣讓逐漸富裕的臺灣民眾，有能力也更有意願購買高價的保健食品。加上直銷業者與廣告的大力推播，以及國外保健養生資訊不斷進入臺灣的推波助瀾下，營養保健食品成為極具開發潛力的市場，但也因保健食品日益遽增，品質良莠參差不齊，且當時尚未訂有相關管理法規，使得保健食品成為一介於食品與藥品之間的灰色區域。

1984年爆發不肖業者進口飼料奶粉混充嬰幼兒奶粉「金牛牌S95」事件、1995年直銷公司以牲畜飼料冒充保健食品「保力胺S酵素」銷售事件，以及同年有業者進口錠狀與膠囊狀抗組織胺藥物，卻以「健康食品」名目報關通行等事件，再再反映了現行法規體系無法對保健食品有效管理，以致諸多混充、假冒保健食品事件層出不窮。因此於1999年，在消費者協會與主管機關、民意代表的主導下，「健康食品管理法」正式實施，只有通過科學實驗證明其功效的食品，才能稱為「健康食品」。從此「健康食品」成為法律用詞，正式納入國家管理體系之中。

2000年以後，隨著臺灣生活型態轉變，以及逐漸步入高齡化社會，民眾對保健食品的需求日益增加，再加上2002年臺灣加入世界貿易組織後開放國內市場，各國食品大量進入臺灣，對國內既有食品業者造成強大競爭壓力，促使食品業者亟思轉型之道。而與食品關係密切，又具有高附加價值的保健食品便成為食品業者轉型經營的目標之一。

開國產保健食品風氣之先的臺糖公司因製糖事業持續萎縮，開始將事業觸角伸往糖業以外的保健食品，推出冬蟲夏草、蜆精等健康保健食品。2003 年更成立生物科技事業部，在前述產品的基礎上研發出蜆錠、蠔蜆錠、大蒜精等保健食品問世（滕淑芬，2015）。

民間食品企業方面，過去代理美國桂格燕麥片公司（The Quaker Oats Company）在臺產銷燕麥片的佳格食品，在2000 年以後陸續推出三益菌奶粉、養氣人蔘、活靈芝等產品，並取得健康食品認證。味全亦於2000 年成立味全生技，陸續推出羅根雙歧桿菌、複合益生菌、天然紅麴等獲健康食品認證產品，為老字號食品廠商注入新活力。國內食品業龍頭統一企業，於1997 年時已成立臺灣神隆，朝製藥領域發展，並於1999 年成立統一生機，搶攻日益蓬勃的健康生機產業市場。統一汲取藥業與生機產業之經驗，於2004 年成立統欣生物科技，正式跨足保健食品領域，陸續推出葉黃素、薑黃蜆錠、蔓越莓玫瑰四物飲等保健食品，以及通過健康食品認證的納豆紅麴膠囊等產品，並透過統一旗下零售通路、藥妝店強力宣傳推廣，讓統一企業在保健食品市場上亦占有一席之地。

圖 1-4　琳瑯滿目、隨手可得的保健食品（陳家弘拍攝）

如今臺灣保健食品產業已高度成熟，相關廠商達900 多家，產品則多達3,000 多種。加上相關產業供應鏈非常完整，使保健食品產業成為極具發展潛力的明日之星（滕淑芬，

2015)。保健食品產業的高度成熟亦帶來一些隱憂,如過多廠商投入保健食品研製,可能導致產品品質良窳不齊;同質市場競爭者眾多之下,取得安全穩定的高品質原料來源亦顯得困難;加上近年來食安事件頻傳,再再衝擊消費者對臺灣食品的信心。要如何從法規、制度與檢驗上從源頭把關,避免不肖廠商以粗劣、偽造商品混淆市場,將是正值發展高峰的臺灣保健食品產業應予以重視的問題。

(三)重要法規政策

1. 食品良好衛生規範(food Good Hygienic Practices, GHP)

依據食品衛生管理法第8條之規定,衛福部於2000年時公告實施「食品良好衛生規範」,並逐年擴增列入規範行業,於2014年已有11章46條相關規範,國內所有食品業者於其食品產銷過程中,皆須強制遵循GHP之規定。GHP旨在對於食品業之從業人員、作業場所、設施衛生管理,以及生產、加工、包裝、運送與保存等各流程加以規範,以確保其產品之安全衛生與良好品質。

與GMP相比,GHP是普遍強制所有食品業者遵從的規範,以滿足對廠房、從業人員等生產環節的基本衛生安全需求。GMP與之後的TQF則非強制參與,有意願的業者在滿足GHP的基本要求後以更進一步的嚴格規範提升對生產製程的要求,並通過相關單位驗證查核,授與認證標章,品質與衛生條件更值得信賴。

由於GHP與GMP在性質上相當類似,不免讓人產生制度面上疊床架屋的疑慮。當今政府欲在食品安全上有所作為,除應落實GHP強制徹底實施外,更應鼓勵、輔導滿足GHP規範的廠商,往更高一層的GMP(TQF)認證前進,並確實執行TQF的查驗檢核,讓兩套制度在基本面與精進面上相輔相成,以實際作為重新取回消費者對臺灣食品的信心。

2. 危害分析重要管制點（Hazard Analysis and Critical Control Point, HACCP）

2003年，為因應全球化市場下日趨繁雜的進出口食品，政府實施「危害分析重要管制點」（Hazard Analysis Critical Control Point, HACCP）食品安全管制系統。此系統於1971年由美國所提出，1997年被國際食品法典委員會（Codex Alimentarius Commission，簡稱CAC，又稱Codex）公布為建議採行之食安衛生管理規則，為目前世界公認最具成效之預防性自主製程管理系統。HACCP強調源頭管制與自主管理，以事前分析原料到成品製造過程的每個階段，分析製程中的潛在風險機率與嚴重性，以訂定管制點，並對其採取事前預防與事後應變機制，降低或去除可能發生的食安衛生危害。為有效管理食品安全，提升食品業者水準，政府陸續公告水產、肉品、餐盒及乳品工廠強制實施HACCP管制制度，並於2015年要求國際觀光飯店強制實施。

（四）日益嚴重的食安問題

1990年代世界經貿體制趨向自由化、全球化發展，臺灣農產加工所需的原料也越來越依賴進口。日益全球化的自由市場對食品業者而言，是個憂喜參半的矛盾環境：憂的是必須面對來自國外的食品業者競爭有限的國內市場；喜的則是有更多便宜且高品質的進口原料得以降低生產成本。政府方面，基於經貿發展及國家整體利益之考量，亦開始著手申請加入世界貿易組織（WTO）。為配合世界貿易組織之入會，在食品衛生安全法規上亦需有相應調整，以便與世界貿易組織之國際規範一致，才能確保與各貿易國間地位平等。

2002年臺灣正式加入世界貿易組織後，面對的是更加多元化與國際化的自由競爭市場。所發生的食品安全事件也與過去有些差異，大多涉及跨部會權責。臺灣的食品安全管理主要由衛生署、農委會、經濟部與環保署等四部會處理參與，為避免主管機關間各行其事，導致責任歸屬或任務分派的模糊與疊床架屋，故成立

「環境保護與食品安全協調會報」，負責共同協調、溝通食安管理問題，以及重大食安事件之處理。該會報下設「食品安全評估工作小組」、「環境監測及毒化物管理工作小組」及「農、畜、水產品安全管理工作小組」，以因應各型態食安衛生問題之處置應對。另制定「衛生署農委會環保署環境保護與食品安全通報及應變處理流程」，建立通報處理之標準程序，提供各部會通報食安衛生問題與聯繫參考。

為使國人在食品選擇上有明確的安全依據，不受外界各種不確定資訊干擾，除了推行已久的 CAS 認證與 GMP 制度外，2005 年衛生署成立「食品安全警報紅綠燈」機制，在食品安全疑慮發生的六至八小時內，透過由食安衛生相關各界代表所組成的小組，進行食安疑慮之探討與專業風險評估，並根據危急程度公布食品安全警報紅綠燈之燈號，提供國人作為辨識食品安全的基準。2007 年政府推動建立「加工食品追溯系統」，使食品在生產、加工、流通、銷售的每一階段，都可以向上游追溯或向下游追蹤，並透過電子化技術讓資訊透明且即時呈現，可查詢工廠簡介、原料檢驗結果、生產線殺菌資料、成品檢驗結果等資料，從源頭開始建立一套嚴謹的把關流程。

2008 年，中國爆發三聚氰胺毒奶粉事件，部分含有三聚氰胺成分的原料流入臺灣，引起臺灣對食品安全議題的重視與恐慌，也暴露了食安相關機關在應對突發事件的力不從心。為此，行政院於2009 年成立「行政院食品安全會報」，並參考美國「食品藥物管理局」的組織體系，將原衛生署食品衛生處、藥政處、藥物食品檢驗局、管制藥品管理局四個單位，結合新興生醫科技產品與血液製品管理等相關業務，成立維護食品安全的專責機構「食品藥物管理局」，並於2013 年升格改組為「食品藥物管理署」，為守護全民「食的安全」之前線。

諷刺的是，食品藥物管理局的成立並未替食安問題劃下句點。2010 年後，臺灣食安事件頻傳，每隔一、二年就會爆發震驚全國的重大食安風暴，其中不乏國內知名食品廠商涉入其中，嚴重衝擊臺灣食品的國際形象，以及國人對國產食品的信心。2011 年，行政院偽劣假藥聯合取締小組在檢驗健康食品時意外發現，部分健康食品中竟含有塑化劑。塑化劑學名為鄰苯二甲酸二（2- 乙基己基）酯（簡稱 DEHP），一般用於塑膠材質或建材，以增加材質的柔軟性。塑化劑本身除具有生殖毒性外，還會干擾人體內分泌，同時也被視為致癌物質。政府擴大追查後發現，部分市售食品竟被檢出含有塑化劑，進而追出上游廠商為節省成本，而以廉價工業用塑化劑代替合法食品添加物起雲劑，受污染的層面也自原先爆發的飲料，逐步擴大到糕點、麵包與藥品等層面，影響廠商高達400 多家，嚴重打擊臺灣食品的國際形象。對此，政府立即修正「食品衛生管理法」，加重對不肖廠商的罰則條文，並提高相關罰鍰與徒刑，意圖提高刑罰以遏止不肖廠商之行徑。

2013 年，衛生署公布部分市售粉圓、黑輪、板條等，被抽檢出添加工業用順丁烯二酸製造澱粉。順丁烯二酸是工業用化學原料，一般作為黏著劑、殺蟲劑之穩定劑潤滑油之保存劑。雖可用於製作琥珀酸、蘋果酸等食品添加劑，但卻不能直接使用於食品中。若將順丁烯二酸當作是化製澱粉的成分，就能以更低的成本取代修飾麵粉。實驗顯示，若長期攝取含有順丁烯二酸之食品，可能導致肝、腎方面病變，造成急性腎衰竭等嚴重傷害，嚴重危害國民健康。對此，為提升臺灣食安管理效能，政府於2013 年對現行食安制度進行檢討，再度全文修正食品衛生管理法。此次修法最大的特點，在於參考歐盟一般食品法以及美國食品安全現代法之概念，新增食品安全風險管理專門章節，將全面性的風險預防觀念明文導入食品衛生管理法之中。以此法建構食安風險評估機制，並賦予行政機關設定標準的權力，以針對食安事件進行預防與風險評估。

雖然2011 年修正之食品衛生管理法已全面加重刑罰，2013 年修法更新增了食安風險預防觀念。但在2013 年10 月，仍爆發了大統、富味香油品以銅葉綠素及棉籽油混充橄欖油事件。屢次爆發的食品風暴，再三打擊政府重申食品安全的形象與民眾的信心。因此在距上次全文修正後不到一年的時間，2014 年2 月又再度針對食品衛生管理法進行修正，大幅提高攙偽假冒、違法使用食品添加物，以及標示不實的行政處罰與刑事責任。此次修法較重要的改變，在於增加了食品業者對其食品原料、半成品與成品的自行檢驗或送驗義務，藉此加強食安驗證，並課以行政法上的責任。結合食品業者之自行送驗、檢驗單位之驗證，以及政府之查驗把關三者，建立「食品三級品管制度」，從產、官、研三界通力合作，替食品安全把關。

假油事件爆發後不久，2014 年 9 月，警方破獲屏東地區由郭烈成等人經營的地下油廠，透過向回收業者與餐廳收購餿水，自行提煉成餿水油販賣。衛服部食藥署繼續追查，發現強冠公司向此油廠購買黑心油，再製成全統香豬油後銷往市面。10 月，餿水油引發的風暴越演越烈，臺南警方接獲檢舉，查獲鑫好公司涉嫌將飼料油謊稱食用豬油，售予知名食品企業頂新集團旗下的正義公司，摻製成為「維力清香油」、「維力香豬油」等知名油品。持續追查後更發現頂新製油實業向越南大幸福公司以食用名義進口油品，但這些油品經越南官方查驗後證實為飼料油。問題油品則經行銷流入市面製成肉鬆、肉醬等其他食品，又開啟一波問題食品下架風暴。

層出不窮的食安風暴，以及國內知名食品大廠陸續淪陷，不僅讓消費者對臺灣食品的信心跌至谷底，各地抵制特定廠商行動蜂起，更嚴重影響臺灣食品的國際聲譽形象，過去所制定的食品檢驗標章制度也在數次食安風暴中受到質疑。即便政府隨著時代環境演變，陸續增修食安衛生相關法規制度，但多是在爆發食安問題後所採取的亡羊補牢行動，在實行上不僅缺乏徹底貫徹執行的人力物力，欠缺對不良業者的嚇阻力，也欠缺對食品衛生安全的長期前瞻性規劃。

食品安全是人類健康面臨高風險的主要來源之一，業者及消費者所面臨的風險隨著科技迅速發展與日俱增。食品的核心問題也隨著經濟環境的改變，已由「衛生」轉至「安全」，甚至於「風險」層面。接連不斷的食安風暴重創了臺灣食品產業，受損的形象與誠信要如何重建，是目前臺灣食品業面臨的困境。如何喚回消費者對廠商的信任亦是食品業者需做到的企業責任之一。食品安全事件層出不窮，不僅是不肖業者貪小便宜的結果，每次的食安風暴更暴露了現行食安法規、制度的漏洞與不完整性。要如何解決食安問題，不僅需要國家從法規制度面由上而下的管理，更需要食品業者、消費者由下而上的通力配合。

五、結論

俗話說：「民以食為天」，「吃」不僅是人賴以維生的基本需求，更是人類社會得以維繫的根本。也因此「食品」產業的重要性，任何人皆不能小覷。臺灣食品產業的發展，呈現出隨著各經濟發展階段而轉變的景象：從外銷取向轉往內銷市場，從滿足基本需求轉往重視品質、健康，進而朝向安全有保障發展。

日據時期為臺灣食品產業近代化的開端，在戰後肩負外銷創匯使命的製糖與罐頭工業，即是在日據時期建立起規模。即便二次大戰後期，臺灣的工廠設施因空襲而毀損嚴重，但在戰後經國民政府合併整備後，仍能恢復其產能，成為戰後初期重建臺灣的基石。

國民政府遷臺以後，如何養活大量軍民成為其首要之務。1950年適逢韓戰爆發，美國第七艦隊的協防不僅穩定了臺海局勢，美援款項與物資的大舉入臺更是成為臺灣經濟重建的重要資本。紡織業與麵粉、製油等食品工業在美援物資的穩定供應下得以建立，需要時間的經濟建設計畫也得以推行。在「以農業培養工業，以工業發展農業」的規劃下，農業成為臺灣早期經濟發展核心，以農產品及其加工製品外銷創匯，一絲一縷地扶植尚在起步階段的工業。1960、1970年代，臺灣經濟體質漸臻健全，鳳梨、洋菇與蘆筍罐頭也在這段時間行銷全球，為臺灣賺進不少外匯。

隨著臺灣食品行銷國際，要如何符合輸入國衛生安全標準便成為重要問題。加上國內經濟水平提升，國人對食品品質、衛生要求隨之提高，促使國內食品衛生安全法規於1970年代末初具雛形，並隨著時代環境漸次增修。1980 年代，臺灣產業型態自一級產業轉向二、三級，勞動人口也自農業流向工、商部門。過去支持臺灣經濟發展的農業，也因此逐漸步上衰落之途。由於農產產量減少，臺灣食品業面臨原料不足、成本提高等問題。加上 1980 年代中後期，新臺幣大幅升值、以及東南亞國家低價產品爭奪國際市場等不利因素影響，迫使臺灣食品業漸由外銷取向轉往內銷市場，食品業者亦面臨轉型考驗。

1990 年代，民眾健康養生觀念日益蓬勃，健康保健食品成為市場新寵兒，也提供食品業者一條升級轉型的方向。隨著全球化、自由化貿易發展，臺灣也於 2002 年加入世界貿易組織，開放國內市場。食品業者一方面有來自海外的便宜原料進口，另一方面卻得面臨外國食品的競爭。

開放的市場意味著面臨更多的挑戰，而食安危機則是影響層面最廣，同時也最危險者，不僅危害食品產業的發展，也影響國民的健康，以及對食品的信心。2011 年爆發的塑化劑事件、2013 年毒澱粉與假油事件，以及 2014 年的地溝油事件，暴露的不僅是不肖業者貪小便宜的假偽心態，更暴露國內食安法規在實行面與嚇阻力方面的不足。今日臺灣的食品產業，已從過去「吃得飽」、「吃得健康有品質」，走向另一階段：如何才能「吃得安心」。「吃」是滿足基本生存的必要行為，「吃得健康」、「吃得安心」也是民眾應有的基本權利。要如何維護這些權利不受不肖業者侵犯，便有賴政府、廠商與檢驗單位的密切配合，與消費者一起共同把關。

參考文獻

大豐麵粉廠股份有限公司，年份不明，〈麵粉工業發展歷程〉。取自大豐麵粉廠網站：http://www.tafongflour.com.tw/w5_develope.htm ，取用時間：2016年1月12日。

文興瑩，1990，《經濟奇蹟的背後：臺灣美援經驗的政經分析（1951-1965）》。臺北：自立晚報社文化出版部。

王宏仁，2001，《臺灣冷凍調理食品產業分析及競爭優勢之研究》。臺中：逢甲大學企業管理學系碩士論文。

杜文田，2006，《我國經濟建設計畫》。取自農業知識入口網：http://kmweb.coa.gov.tw/category/categoryprintcontent.aspx?ReportId=7532&CategoryId=13235&ActorType=001&kpi=0，取用時間：2015年7月9日。

周應恒，2008，《現代食品安全與管理》。北京：經濟管理出版社。

袁丙午，1966，〈臺灣之食油工業〉。收入於臺灣銀行經濟研究室編，《臺灣之食品工業》，頁242-270。臺北：臺灣銀行經濟研究室。

財團法人中華食品安全管制系統發展協會，無日期，〈協會簡介〉。取自Haccp財團法人中華食品安全管制系統發展協會：http://www.chinese-haccp.org.tw/content/index.asp?m=1&m1=3&m2=12，取用時間：2016年3月10日。

財團法人食品工業發展研究所，2015，《2014食品產業年鑑》。臺北：食品工業發展研究所。

高志明，2015，《非油不可・好油難尋（校園科普版）》。臺北：臺灣英文新聞。

國立科學工藝博物館，無日期，〈食品產業的歷史發展脈絡〉。取自臺灣工業文化資產網：http://iht.nstm.gov.tw/form/index-1.asp?m=2&m1=3&m2=77&gp=21&id=12，取用時間：2015年7月23日。

張哲朗，2011，《臺灣食品產業與科技發展藍圖》。新竹：財團法人食品工業發展研究所。

張翰璧，2006，《臺灣全志・卷9・社會志・經濟與社會篇》。南投：臺灣文獻館。

許立峰，1987，《食品工業發展研究所二十年史》。新竹：財團法人食品工業發展研究所。

陳明言，2007，《臺灣的糖業》。臺北：遠足文化。

陳昭如，2012，〈食品公害何時了？從1979年油症（多氯聯苯）事件談起〉。取自財團法人油症受害者支持協會網站：http://surviving1979.blogspot.tw/2012/04/1979.html，取用時間：2016年3月17日。

陳映慈，2006，《不只是「食品」？臺灣保健食品消費文化初探》。新竹：國立清華大學人類學研究所碩士論文。

經濟日報，1968，〈國產米糠油品質很好 三十年來從未發生過中毒事件〉。《經濟日報》，第7版，10月18日。

葉仲伯，1966，《臺灣之麵粉工業》。收入於臺灣銀行經濟研究室編，《臺灣之食品工業》，第1冊，頁27-38。臺北：臺灣銀行經濟研究室。

廖慶洲，2004，《臺灣食品界的拓荒者：謝成源》。臺北：金閣企管顧問股份有限公司。

劉邦立，2006，《傳統食品加工產業生產力影響因素之分析》。桃園：國立中央大學產業經濟研究所碩士論文。

臺灣銀行經濟研究室，1997，《臺灣區冷凍食品工業調查報告》。臺北：臺灣銀行經濟研究室。

臺灣糖業股份有限公司，2006，《臺糖六十週年慶紀念特刊：臺灣糖業之演進與再生》。臺南：臺灣糖業股份有限公司。

滕淑芬，2015，〈臺灣保健食品 從匱乏到琳瑯滿目〉。收入於《遠見雜誌特刊》，〈聰明吃，才能對身體好〉。取自遠見雜誌網站：http://www.gvm.com.tw/Boardcontent_29535.html，取用時間：2015年12月14日。

聯合報，1963，〈洋菇、味精、煉油 限制設廠一年〉。《聯合報》，取自聯合知識庫，取用時間：2015年11月10日。

羅吉甫，2004，《日本帝國在臺灣》。臺北：遠流出版社。

食品工業化的管理與風險

王振寰、蘇修民

INTRODUCTION

在食品安全成為重大社會問題的今日，如何讓民眾「吃得安心」已成為食品產業的顯學。本章將專門探究食安問題，自食品加工的源流開始話說當初，將議題引至何謂食品安全。接著藉由國際上對食品安全之定義切入，探討食品本身明顯與潛在之風險，以及食安本身所受到的社會力與政治力影響。而後將焦點集中在臺灣，以時序脈絡呈現臺灣各時期有關食安的制度與法規之制定，以及各時期重大食安事件之始末，探討臺灣食品安全法規與制度之現況，以及日後仍須持續精進的各個面向。

一、食品加工與安全

(一) 食品的加工

食品起始於農業生產，透過狩獵、採集、耕種、畜牧及漁業等方式獲得食物，提供人類營養以維持生命(葉茂生，1997)。這些動物、植物原料在貯藏的過程中，受到四周環境、微生物和食品本身的酵素等因素影響，食品中碳水化合物、脂肪、蛋白質等原有化學性質或物理性質發生變化。例如新鮮的魚、肉類的熟成與劣變，糧食、蔬果的呼吸作用等。這些變化造成食品的分解，被破壞的細胞組織為微生物的侵入與生長提供了條件，導致食品腐敗、變質而無法食用(續光清，1996)。食品加工的目的就是控制微生物和酵素的反應環境，如溫度、溼度、酸鹼值等，並保留或提高營養價值，進而達到改善食物風味及增進商品價值(程修和，2014)。

農業社會人們費盡心力來避免自然界的微生物奪走我們的食物，人類學會使用醃漬、風乾、煙燻、鹽漬等保存食物的方法(李錦楓，2015)。以「防腐」為目的，人們開啟了第一代的食品加工，從此我們開始製作加工食品，企圖讓食物脫離自然的掌握。

農業社會的食物生產規模小且單位多，產品分散而零星。農產品之生產具季節性，但消費卻為經常性。流入市場的時期與數量，隨著季節性極不規則，消費市場的需要亦隨時隨地而不相同，導致供需不均衡的發生(葉茂生，1997)。在學會了保存食物的基本原理後，人類不滿足於只是讓食物「防腐」，還想要保存食物的原味，想讓食物更加不受自然界的控制。人們為了克服自然界中食物生產貧富的循環，以及季節與區域的限制，隨著技術的提升，開啟了第二代食品加工，人們開始以罐裝、冷凍與真空包裝來保存食物(李錦楓，2015)。

保存時間的延長，不僅代表可運輸的距離增加，同時意味著能將產品儲藏以便隨時出售或應付顧客的需求。在供需之間適當的調節，產地市場蒐集許多農場的剩餘產品，由生產過剩的區域集中到生產不足的區域，這一過程可連通生產地區與消費地區的繁榮，具有調節供需與穩定價格的重要作用（張德粹，1999）。第二代食品加工盡可能的保持了食品的原味，改進了第一代食品加工的缺點，滿足消費者對食物新鮮及口感的慾望。

第三代的食品加工始於一次世界大戰，德國因為英國海軍對其實施海上經濟封鎖，食物的缺乏使得德國境內陷入嚴重的飢荒。德國在肉和油脂的缺乏下，不得已開始研發替代的食物，從各種可用資源提取脂肪與蛋白質。之後在市場上人造奶油取代了奶油，果汁飲料取代了純果汁，乳酪醬取代了乳酪，合成鮮奶油也取代了鮮奶油。不可否認這種替代食品穩定了戰時動盪不安的柏林，在德國政府的鼓勵下，改變了德國人原有的飲食習慣。人造食品不再像過去只屬於窮人，而成了廣泛使用的替代品。這種替代食物在二戰期間更為之風行，甚至成了維持士氣的良方[1]。世界大戰結束後，民眾非但沒有放棄加工食品和替代食品，反而更依賴這些食物。戰後，加工食品的急遽增加，主要因為這些家庭主婦，女性開始走出家庭，從事製造業、事務員及銷售行業。投入勞動市場的女性開始覺得家務工作對她們是一個負擔，她們看重快速烹調食品的方便和便宜，而非品質。第三代的食品加工也就從「保存食物」轉變成「創造食物」。

由於社會經濟的變遷，加上工業技術的發達，食物的供應及攝取方式與過往農業社會有了很大的不同。利用工業化生產食物可以確保百萬人的糧食，解決了長期的飢餓問題，降低人類對天氣、氣候和土地狀況的依賴。但是在工業化的邏輯下，食品產業從過去單純的食物保存手法，逐漸朝向「商業價值」的食品加工。在工業化的食品生產過程中，最講求的是原料必須易於機器加工，天然滋味的重要性反而敬陪末座。對於原料供應商而言也是同樣的道理，以

1 其中最知名者，當屬即溶咖啡及午餐肉（SPAM）。雀巢（Nestle）公司利用噴霧乾燥方式生產的即溶咖啡，成為提高盟軍士氣的重要飲品。荷美爾（Hormel）公司以豬肉、澱粉及香料生產的 SPAM 午餐肉在口感上雖受美軍嫌棄，卻是確保盟軍食物供應無虞的關鍵。

工業化方式經營的農業來說，最要緊的是穩定的產量，而不是飽滿多汁的農產品所帶來的鮮美滋味。

若以「商業價值」來生產食物，食品產業由於原料供給上的特殊性，有著不同於一般產業的缺點。一者是食品產業原料在短期內呈現不穩定之現象，由於食品產業的原料通常是農產品，容易受到天氣變化與病蟲害所影響，發生產量不足或過剩的危機；二者是食品產業原料價格長期間有偏低之趨勢。對一般產業而言，原物料價格提高，利潤就會削減。如果原物料的價格下跌，一般產業會用較低的價格賣出更多產品，以賺取更多利潤。但根據恩格爾法則（Engle law），當平均所得在經濟發展中提升，民眾對食物等必需品支出增加之速度，不及所得增加之速度（張德粹，1999）。為了使來自動物和植物性的食材能保存更久，符合壓低成本大量生產，盡量放到商品賣光前都不腐壞的商業期許，還要想辦法提升產品價值。在化學技術的提升下，食品產業透過開發各種食品添加物來達成產品品質的目標。

一開始由天然蔬果中抽取甜味料、色素與香氣，但是天然物畢竟有限，生產成本又高。隨著化學工業的興起，低價、量大的化學合成品功效好，可以讓加工食品的色、香、味、質感更加吸引消費者，也使生產者的加工更方便有效率，成本也降更低。1980 年代中期的美國，食品廠商便利用食品添加物來提高產品的利潤，這些食品添加物包括了調味劑、色素和各種不同功能的加工輔劑，提高食品保存性、增加色、香、味及改良外觀，並可增加消費者對食物的花費，賺到更多錢（Pollan, 2012）。食品由大型機器製造，從調理包到各式即食餐飲的簡便食品，配合行銷的推波助瀾，使得食物的光澤和形狀比食物本身的營養價值更重要。從此以後人們對食物原料進行配製、烹飪和加工處理，製作成形態、風味、營養價值各不相同的加工產品。

隨著科技日新月異，人類對飲食條件日益要求，伴隨科技逐漸蓬勃以及產銷全球化的趨勢，當食物的生產方式不再以人體營養需求與健康導向自身需求作為考量，而是為了超市及全球運送販賣系統等外在因素而為，大家的飲食風險也越來越高了。

（二）食品的安全

食品安全的概念於1974年11月聯合國糧農組織（Food and Agriculture Organization, FAO）在羅馬召開之世界糧食大會上提出，當時在全球性飢荒的背景下，定義「食物安全」為人類的一種基本生存權利，應當「保證任何人在任何地方都能得到為了生存與健康所需要的足夠食品」（尹成傑，2009）。

1996年，世界衛生組織將「食品安全」界定為「對食品按其原定用途進行製作、食用時不會使消費者健康受到損害的一種擔保」，將食品衛生界定為「為確保食品安全性和適用性，在食物鏈的所有階段必須採取的一切條件和措施」。食品品質則是指食品的攝取要滿足消費者明確的或者隱含的需要的特性（周應恒，2008）。

2005年根據國際標準化組織（International Organization for Standardization, ISO）所公布的食品安全管理系統認證（ISO 22000）對「食品安全」之定義：「食品依據其預期用途製備或食用時，不會對消費者造成傷害的概念。」

食品安全的概念提出到現在，40年來社會整體結構發生了許多變化，人們對食品安全概念之定義也不斷調整，到現在發展成對食品安全概念的全方面定義。從目前的研究情況來看，在食品安全概念的理解上，基本形成如下：第一，食品安全的技術面，涉及到食品品質、營養、衛生等，是一個涵蓋面很廣的綜合概念。其過程從源頭的食材供應、加工、包裝、運輸、貯藏，到了後端的銷售、消費也包含在內。食品品質、食品營養、食品衛生等都無法包含上述的全部內容與環節，在內涵與延伸意義上有許多重合，因此造成食品安全的重複監管（顏國欽，1991）。

根據對食品造成危害的操作意圖（有意或無意）和動機（經濟利益或通過傷害公共健康、經濟、或恐怖威脅），可以將食品安全分為食品造假、食品安全、食品防禦和食品品質的「食品風險矩陣」（表2-1與2-2）：

表2-1 食品風險矩陣

	有意	無意
經濟利益（增加收人）	食品詐欺（Food Adulteration）	食品品質（Food Quality）
傷害（危害健康、信任）	食品防禦（Food Defense）	食品安全（Food Safety）

資料來源：John Spink and Douglas C. Moyer (2011)，作者自繪

食品安全著重在防止食品在生產加工過程中受到生物性、化學性、物理性的非故意造成之危害。

食品詐欺是基於經濟誘因而刻意為之的造假行為，有別於「直接故意」的污染食品，透過破壞食品安全去傷害食用者的身體健康和生命。相較之下，它是以主觀上不法獲利之意圖，以不適當但未必不合法的製造方法去修正一般食品的製程，增加經濟上的利益，類似「不當得利」的情形。欺詐性的食品犯罪者在非法攫取經濟利益的同時，將社會不特定多數人的衛生安全還有整個市場的自由化機制給犧牲了，如三聚氰胺、塑化劑等。

食品品質著重在食品在生產或加工的過程中，無意的損壞或食物變質，導致滯銷或被歸類為次級品造成的經濟損失，是作為產品等級分類的參考標準。如農民為生產更多糧食、得到更多補貼，以獲取更大的利益，普遍採用集約化生產方式，反而造成產品損傷。

食品防禦著重在預防食品遭到人為故意污染和破壞的危險，無論動機是由經濟利益或危害公眾健康引起的總稱。如農業恐怖主義（Agroterrorism），依據美國農業部（United States Department of Agriculture, USDA）動植物健康檢查署（APHIS）之定義，倘恐怖份子將攻擊目標設定為糧食與畜牧等農業生產時，此類攻擊型態稱之為農業恐怖主義。

表2-2　食品風險類型

風險類型	範例	原因和動機	影響	公共健康風險類型	副效應
食品品質	水果意外擦傷	處理不當	產品滯銷或可能被大腸桿菌污染	無或食品安全	降低品牌名聲或食品安全事故
食品詐欺	牛奶故意摻三聚氰胺	增加邊際收入	有毒、中毒	食品安全	公眾恐懼和傷害食品產業
食品安全	蔬菜非故意被污染病原性大腸桿菌	採收、加工的工作現場保護和控制有限	疾病或死亡	食品安全	傷害食品產業，銷毀退貨費用和公眾恐懼
食品防禦	毒蠻牛事件或千面人案的飲料下毒	通過傷害消費者來對專賣店或經營者意圖報復	可能導致致命中毒	食品防禦	傷害食品產業，銷毀退貨費用和公眾恐懼

資料來源：John Spink and Douglas C. Moyer (2011)，作者自繪

其次，食品安全的社會面，不同國家以及不同時期，所面臨的食品安全問題和解決方法有所不同。在已開發國家，食品安全所關注的主要是因生物技術發展所引發的問題，如基改食品對人類健康的影響；而在開發中國家，食品安全則偏向市場經濟失靈所引發的問題，如假冒偽劣、有毒有害食品的非法生產經營（邱雯雯，2000）。

食物最初是以確保人類生存的熱量為主要目的，供給的穩定則可以確保人類免於飢餓問題。工業化的食物生產方式，對於食品在防腐與保存上提供相當大的助益。在食物供給穩定後，接下來延伸的便是由公共衛生體系下所發展出來的食品安全，面對的問題就是食入含有大量的致病菌、天然毒素或化學物質的食物，而發生身體不適的症狀的食物中毒，這類病況通常以消化系統或神經系統的障礙為主。反映出來的除了與公共衛生有關的中毒微生物、天然毒素，還有因為經濟發展所帶來的環境污染物、農藥、動物用藥、過敏原等議題。

之後在科技型態、社會飲食環境需求之變遷下，新型態的食

品安全是由生物技術或藉由化學工程來改變食品天然之本質，進而提高食用風險的可能性，如基改食品及食品添加物（王服清，2013）。此種食品有對人體健康危害可能之高度不確定性，環境間有害物質多元複雜，毒物潛伏期長往往須經長久時間累積始告顯現。此類食品造成的食品安全問題與急性、亞急性的食物中毒不同，未能以微生物學方法找出病原體，而是利用公共衛生統計找出的風險因子。但在現今科學證據發展的侷限下，難有佐證生物性危害之必然性可能結果，帶有「健康性危害證據不足」，但是「安全性保障亦同樣欠缺」之雙面缺陷特性。

在早期農業社會，生產者與消費者之間生產鏈很短，大多數的生產者往往與消費者有著面對面的直接交易關係，彼此之間甚至是街坊鄰居，這之間不單純只有買賣關係，還有社會網絡的連結，生產者與消費者有著長期與穩定的合作關係。隨著工業化的發展，大型城市逐漸增加，人口高度密集，城市郊區的糧食無法供應城市的人口，食品的供需出現了落差，需要從更遠的地方運輸，因此食物的生產鏈大幅拉長。生產鏈拉長後，生產者與消費者身處在毫無交集的生活圈，在缺乏社會網絡的連結下，透過生產鏈傳達給生產者與消費者的訊息只剩下「價格」，使得生產者與消費者之間出現了危險的道德緩衝區（Pollan, 2012）。

人們所相信的專家學者在食品安全中變得岌岌可危，以知識經濟為主的社會型態，必須高度依賴專業的知識系統作為發展基礎。科學和專家體系在人們的日常生活世界中處於支配地位，專家用科學理性壟斷了社會現象的解釋，在知識權力不對等的社會結構中，消費者只能被動接受，處於弱勢地位。但在新型態的食品安全中出現變化，如人們在不知情的狀況下，使用了超出劑量的基改食品，身體出現如同專家主述的症狀時，專家卻又無法為這些受害民眾解決或是給予協助，人們開始失去了對科學的迷信，專家學者遇到空前挑戰。

第三，食品安全的政治面。國內食品安全法制乃為確保本國所生產製造與銷售的食品，在法定範圍內，必須遵守一定要求，使國民的健康不致受到影響。而在國際間的貿易與全球化經貿關係發展下，國內的食品安全法可以防止進口有害健康之食品，威脅到消費者之生命安全，以及作為非關稅障礙的一種手段（張凱斐，2011）。

現在大部分的國家已經加入世界貿易組織（World Trade Organization, WTO），經過 WTO 認可並授權的世界動物衛生組織（World Organization for Animal Health, OIE）、食品法典委員會（Codex Alimentarius Commission, CAC）以及國際植物保護公約（International Plant Protection Convention, IPPC）是國家間制定全球食品安全標準的權威機構。食品安全的「標準」一般被認為是性質中立的制度和以科學為基礎的技術性規範，但是在全球化經貿關係下，貿易利益對食品安全的標準造成變數。食品出口國在注重貿易利益下，會傾向採用國際標準，對他們來說國際標準是食品安全標準的上限，但對於食品進口國，國家的立場除了貿易利益外還要保護國民的飲食健康，這是貿易自由與公共衛生兩種價值的衝突。對他們來說國際標準只是最低程度的保障，有能力的國家會以更為嚴格的安全標準作為執行食品安全管理的依據。

而參與制定國際食品標準的國家主要可歸為三類：

1. 已開發工業大國，如美國、歐盟，他們是主導國際標準的國家。
2. 開發中國家，特別是以出口農產品為主要收入的國家，如中國、阿根廷。雖然有參與國際標準的制定，但並沒有如歐美等大國有主導權。
3. 接受國，像是臺灣或中南美小國，他們在國際標準幾乎沒有影響或表達意見的機會。

具有強大經貿實力的國家，對於 CAC、OIE 或 IPPC 的影響比發展中的國家要大得許多，原因在於發展中國家缺乏執行食品安全標準的技術與能力，在國際貿易上無法提供保證安全的食品，以致發展國際性食品安全標準的過程最終反映的是已開發工業國家的標準，藉此維護它們的商業利益（譚偉恩、蔡育岱，2009）。

二、食品安全的政策與制度

隨著國家不同時期的發展，臺灣的食品產業與食品供應系統產生巨大的改變。這些變化影響了食品安全的政策，使得食品安全政策著重的焦點在不同時期發生轉變。

（一）農業時期的食品安全管理（1950 年代至 1980 年前期）

1950 年代國民政府遷臺，大量湧入的軍民人口使得糧食供給不足，這時的臺灣面對戰爭的破壞及人口激增，國民政府很長一段時間都在為解決民眾的溫飽問題而努力，糧食增產成了首要目標。之後韓戰爆發，美國對臺灣實行援外法案提供經濟與軍事援助，對臺灣的經濟產生助益，中央與地方政府此時推行土地改革，在農復會（現在的農委會）的輔導下，利用日據時代所遺留下來的技術與機器設備發展製糖業與罐頭業（張健輝，2013）。此時的臺灣為農業社會，食品產業為技術門檻低的農產加工業，食品產業在「以農業培養工業，以工業發展農業」之目標往大量生產、工業化的工廠發展。其中以罐頭食品的出口發展速度為最快，洋菇罐頭在 1958 年開始外銷美國及加拿大，蘆筍罐頭於 1963 年開始外銷西德。

在經濟體質獲得改善，溫飽問題得到了基本解決之後，人民群眾才開始對食品安全及衛生提出了更高的要求。1960 年代的臺灣公共衛生設施缺乏，這點可從當時的十大死亡原因看出端倪，當時死亡原因前三名分別為腸胃炎、肺炎及肺結核等傳染病，其中因食品安全問題造成的腸胃炎，在農業社會時期的臺灣，多為保鮮不當，導致食物腐敗的衛生問題。

早期政府並沒有專門針對食品安全的制度與法律，當時的食品衛生管理依據是中央與臺灣省轄時期訂定之各項單行法規，如大陸時期衛生部頒布之「飲食品製造場所衛生管理規則」、「清涼飲料水營業者取締規則」、「飲食物及其用品取締條例」、「飲食誤用器具取締條例」、「牛乳營業取締規則」、「飲食物防腐劑取締規則」，臺灣省行政長官公署 1947 年 4 月公布「臺灣省有害性著色料取締規則」、「臺灣省飲食物防腐劑及漂白劑取締規則」、「臺灣省人工甘味質取締規則」，臺灣省政府1962年4月頒布之「臺灣省特定營業管理規則」及「臺灣省各縣市之管理飲食店鋪規則」，內政部1967年12月頒布之「食品添加物管理規則」等（臺北市政府衛生局，2009）。

這些規定皆為行政命令，而對於違反者只能以行政執行法、違警罰法或刑法等法律規定加以處罰。再受到當時駐臺美軍重視餐飲衛生影響，加上議會民意代表對食品衛生安全議題關心，1968年10月王耀東局長建議中央應制定食品法。於是在「基層公共衛生建設優於醫療建設」為最高指導方針的公共政策下，內政部於1969年擬具「食品衛生管理條例草案」，1970年10月擴編晉用稽查員強化業務能量，1971年衛生署成立後，在藥政處下設食品衛生科。

當時的編制以現在來看是相當簡陋且粗略的，食品衛生科的編制僅四人，負責各種食品衛生法令、標準之研擬及食品或食品添加物之查驗登記事項，並由該處藥政科兼辦食品廣告之管理。而臺灣省政府衛生處在藥政科下設立食品衛生股，兩院轄市衛生局分別隸屬藥政科及環境衛生科，主要的業務分為「食品衛生輔導」和「食品衛生查驗」：

1. 食品衛生輔導

衛生所稽查員依據衛生局訂定之年度計畫對食品業進行衛生稽查輔導，擔任第一線飲食物製造、販賣場所及飲食店鋪、餐館衛生檢查與食品抽驗，必要時輔以簡易檢查儀器，召集從業人員進行衛生教育，針對夏令期間加強飲食業衛生檢查及抽驗，及執行衛生優良甲卡專案計畫，辦理飲食業從業人員定期健康檢查、衛生指導等活動。

2. 食品衛生查驗

由衛生局規劃，衛生所稽查員執行中秋月餅及其餡料、清涼飲料、冰及冰製品、蔬菜農藥殘留及與民生息息相關的各類市售食品，如醬油、醬類製品、食醋、乳及乳製品、調味料、糕餅糖果、罐頭食品等之查驗。

1950 年至1960 年代，硼砂是被普遍使用的違法添加物，傳統食品的魚丸、油條、麵製品及鹼粽等均是添加的對象，對於人體健康危害甚劇。此時期重點工作為取締、禁用及輔導業者使用替代品，以及其他對於飲冰品禁止添加人工添加劑，皮蛋含鉛、糖果及傳統糕粿類使用規定色素、人工甘味劑、防腐劑、漂白劑等，輔導業者正確使用食品添加物。

其他業務如提供製造以及販賣飲食品之業者申請飲食品檢驗服務，並配合食品衛生管理隨時抽查檢驗，以提高飲食品之衛生，預防傳染病與食品中毒之發生。檢驗內容有：細菌檢驗、有害性色素檢驗、人工甘味料檢驗、防腐劑檢驗、有害性重金屬檢驗、飲食品雜物檢驗、飲食品成分檢驗及飲食品容器檢驗等。

至於地方縣市則由衛生局中的環境衛生課兼辦食品衛生工作，負責管理環境衛生、空氣污染、消除髒亂、飲水衛生等，並未針對食品安全進行獨立編制（行政院衛生署食品藥物管理局，2011）。

表2-3 政府控管組織（中央到地方）

中央	藥政處食品衛生科
省（市）	藥政科／環境衛生科下設食品衛生股
縣（市）	由環保衛生科兼辦

資料來源：2011 全國食品安全會議講義

1975 年制定「食品衛生管理法」，在當時基本定位偏重於食品的「衛生」面向（楊岱欣，2014），主要加強管理食品、增進公共衛生，雖然政府組織之編制並未隨之擴編，但至此臺灣才開始建立真正意義上的食品安全監管制度。

1970 年代末期，此時的臺灣已經從農業社會進入工業化社會，這時期開發中國家及中國大陸的廉價而充沛之原料及勞力，已迅速在國際市場崛起，使得臺灣食品產業不再具有國際競爭優勢，因此逐漸轉向內需市場發展，由早期以「出口賺取外匯，支持工業發展」的角色，逐年調整為「滿足國內市場需求」。

（二）米糠油事件所造成的改革

1979年彰化的一間油脂工廠，使用多氯聯苯作為脫臭時的熱媒進行加熱處理。在一次為米糠油除色和除臭的過程中，管路因熱脹冷縮產生裂縫，導致具有強烈毒性的多氯聯苯洩漏，污染米糠油而造成食用者中毒，受害者多達2,025人，多集中在臺中神岡、大雅區，以及彰化縣鹿港和苗栗等地。所受害的不只食用者本身，女性受害者更透過垂直傳輸給胎兒，影響受害者的下一代，為當時臺灣食品安全公害受害人數最多的事件。

這起事件引起消費者保護意識抬頭，當時一群青商會友、學者專家及社會熱心人士，感於消費者的弱勢，有加以保護的必要，於是消費者文教基金會在1980年11月成立，並替受害者向高等法院提起訴訟。多氯聯苯事件同時也顯示食品安全管理仍停留在農業時期的管理，未能配合食品產業已經進入工業化的發展。政府開始檢視當時的食品安全管理制度，透過調查指出當時政府在處理食品安全上參與機構過於複雜，權責劃分不清，同時法規訂定不全或內容不適，無法有效執行食品安全管理。

臺灣的食品安全管理開始第一次的改革，政府首先強化中央到地方的食品衛生管理行政組織。行政院於1981年通過「加強食品衛生管理方案」，此期間的工作乃著重於建立食品管理體系以及修定法令，中央增設「食品衛生處」，編制27人，設有食品安全、查驗、輔導及營養四科，食品衛生處因此由藥政處獨立成一主管單位。1982至1984年間在當時兩院轄市衛生局相繼成立食品衛生科，而各縣、市衛生局則陸續成立食品衛生課。自此，食品衛生管理始脫離環境衛生體系範疇。

1983年後由於食品工業的快速成長，國民對加工食品的依賴漸增，對食品衛生標準提高，過去農業社會可以被容忍或是理解的食品安全標準，已經不再能滿足群眾對於食品安全管理的要求。政府於是首次全文修正「食品衛生管理法」，擴大食品衛生管理範圍，提高檢驗食品在農藥的殘留與管制加工食品在「安全」的面向。

表2-4 重大食品安全政策與事件（1960-1985）

時間	政經環境	政府食安政策	食安事件
1969，民國 58 年		內政部擬具之「食品衛生管理條例草案」	
1971，民國 60 年		衛生署成立，中央行政組織僅於藥政處下設有食品衛生科	
1972，民國 61 年		行政院公布「食品衛生管理暫行辦法」	
1973，民國 62 年	第一次石油危機 農業發展條例制定		
1975，民國 64 年		制定「食品衛生管理法」	
1976，民國 65 年		屠宰衛生檢查規範 食品添加物用量標準 食品衛生安全輔導與管理	
1978，民國 67 年	政府實施「提高農民所得加速農村建設方案」，象徵「以農業培養工業」時代的結束，「以工業發展農業」時代的開始。	藥物食物檢驗局成立	
1979，民國 68 年	第二次石油危機		米糠油遭多氯聯苯污染
1981，民國 70 年		成立食品衛生處	
1982，民國 71 年		臺北市及高雄市政府衛生局成立	
1983，民國 72 年		首次全文修正「食品衛生管理法」全文	
1984，民國 73 年	開始積極推動經濟「自由化、國際化、制度化」政策，包括大幅降低關稅、撤除非關稅障礙、放寬投資管制、以及推動外匯及利率自由化、國營事業民營化等事宜。	臺灣省各縣、市衛生局食品衛生課	

資料來源：作者整理自繪

（三）從工商業到國際貿易（1980 年代後期至2000 年代前期）

1980 年到1990 年臺灣與鄰近地區經濟起飛，成為亞洲四小龍之一。農產品種類漸漸豐富，瓜果、蔬菜、奶、蛋、肉類擺上了貨架，主要農產品項目不僅已能自給自足，甚至生產過剩，已無食品供應數量方面的食品問題，副食供應緊張的局面得到了徹底改變。在吃得飽之後，人們對於食物的要求提升，還要吃得好、吃得健康。民眾對食品安全的要求開始改變，不再只是要求衛生，而是提高到健康層次。

臺灣食品產業工業化後，可大規模生產食物，有助於解決飢餓問題。促進農產量的過程中，農民為生產更多糧食、得到更多補貼，以獲取更大的利益，普遍採用集約化生產方式，大量使用化肥、殺蟲劑及高密度種植等手段來提高糧食作物的產量，導致生態環境被破壞、飲用水遭污染、各類動物性疾病相應而生，致使臺灣的食品安全遭受巨大威脅。

在社會型態與食品供應系統的改變，民眾對於食品安全的議題逐漸分為兩類：第一類是以食品添加物、膳食污染物、重金屬、毒素或農藥污染含量，所反映出的癌症及微量毒素累積的風險議題。第二類是以代謝症候群、高血壓、高血脂及糖尿病這些因過度攝取醣類、脂肪所反映出來飲食不均的健康議題。

對於食品安全風險的議題，在發生多氯聯苯（PCB）食物中毒事件後，政府有感於食品衛生之重要性及輿論壓力，訂定「加強食品衛生管理方案」，成立專責食品衛生單位，對於帶有風險的添加物加強管理。1985 年臺灣市售食品不當使用防腐劑、保色劑、色素、人工甘味劑、漂白劑或規定外添加物等食品添加物情形仍然普遍；硼砂的不當添加情形已有數十年之久，皮蛋含鉛之輔導與抽驗亦為此時期之重點項目。為維護民眾身體健康，全面推動油麵及鹼粽使用衛生署核定通過食用添加物重合磷酸鹽，獲致相關業者大力支持，專案輔導數年後終見成效。

在食品衛生查驗上，則強化科學化及專業化管理。推動餐飲業使用紙巾、公筷母匙，對衛生不符規定之食品業，除依「食品衛生管理法」處辦之外，同時採用「行政執行法」處以罰款。逐步建立例行性各類食品項目抽驗，如過年期間抽驗年節蜜餞、加工肉製品、餅乾、糖果、花生等，元宵節前抽驗元宵湯圓，夏季期間抽驗飲料、冰品及自動販賣機供應之散裝即時冷飲，中秋節抽驗月餅及其餡料，冬季抽驗火鍋料，每週例行抽驗蔬果檢驗農藥殘留及水產品養殖用藥。其他尚抽驗醬油及醬類製品、食用醋、乳製品、調味料、罐頭食品、皮蛋、供客使用之毛巾，及查驗灌水肉品等。

行政院衛生署在1985年至1989年，食品衛生管理法令及食品衛生查驗設備等漸趨完備。依據行政院「維護公共安全方案」及「加強食品衛生管理方案」第二期，業務重點包括例行性食品衛生之稽查檢驗，充實基層食品衛生管理稽查人力，稽查範圍擴及與民眾生活息息相關的公共飲食場所及夜間飲食攤販。

1988年起，有感於稽查人力不足，對無法檢驗或一時無法負荷之大量檢驗，政府建立委託檢驗制度，委託經衛生署認可之檢驗機構或學術團體檢驗，外送檢驗內容為農藥及藥物殘留、黃麴毒素、多氯聯苯及抗生素（臺北市政府衛生局，2009）。擴大食品製造工廠之分等管理，鼓勵衛生優良廠商參加衛生評鑑並輔導業者建立衛生自主管理制度。

政府除加強檢驗之外，同時廣泛進行食物取樣，量測出精確的膳食污染物暴露數據，例如：某些特定食物的重金屬、毒素或農藥污染含量，再從國民營養健康調查資料庫找到國人的攝取量，將污染物資料套入，便可以評估不同族群一天平均暴露在污染物的風險。

至於在食品安全健康的議題上，在食品衛生管理業務上陸續頒布健康食品管理法、修正食品衛生管理法及其施行細則、食品良好衛生規範等。衛生局依據行政院「維護公共安全方案」暨衛生署「食品衛生安全輔導管理計畫」，持續原有之例行抽驗及輔導、衛生評鑑。

1990年代世界經貿體制開始趨向自由化、全球化發展，臺灣農產加工所需的原料越來越依賴進口商品，食品業者希望能在國際市場中尋求更便宜而品質更好的原料增加自己的競爭力。基於經貿發展及國家整體利益之考量，政府開始計畫申請加入世界貿易組織（WTO）。為了配合申請加入世界貿易組織之入會案，食品安全法規需與世界貿易組織之國際規範相一致，才可確保於貿易國之間地位平等。

在爭取進入 WTO 這段時期，衛生署施政重點著重在食品衛生稽查、檢驗與管理業務，以及相關的食品衛生教育的宣導工作。具體項目在於改進食品衛生之查驗與取締，增列直轄市、縣（市）主管機關得抽查食品業者之作業衛生及紀錄。必要時，中央主管機關得對市售之食品、食品添加物或包裝等及其相關紀錄予以抽查、抽驗及查扣，其輸入時之查驗業務則委託經濟部標準檢驗局辦理。此外，亦加重違規食品業者之責任，明定業者對應予沒入之物品，應負回收、銷毀之責，並提高罰金及罰鍰額度，一定期間內再次違反者，並得吊銷其營業執照或工廠登記證照（立法院，1999）。

2000 年衛生署依據食品衛生管理法公告實施「食品良好衛生規範」，基於食品衛生管理之複雜性，機關間之權責乃依據食品類別、產銷流程或行政管理等不同層面進行分工，再度全文修正「食品衛生管理法」，擴大管理範圍，加強食品衛生安全之維護，將食品「衛生標準」擴大層面至食品「衛生安全」及「品質」標準。

表2-5 重大食品安全政策與事件（1986-2000）

時間	政經環境	政府食安政策	食安事件
1986，民國 75 年			高屏地區西施舌中毒 彰化縣蔭花生肉毒桿菌中毒
1987，民國 76 年			飲料千面人事件
1989，民國 78 年		成立 GMP/CAS，促成食品品質升級。	
1991，民國 80 年	促進產業升級條例實施 公平交易法施行 赴大陸投資開放		
1992，民國 81 年	人均 GDP 超過一萬美元		
1995，民國 84 年		小玉西瓜被檢出有殺蟲劑「得滅克」殘留，使農政單位開始重視農藥使用安全，並加強相關教育及輔導。 守宮木事件促使衛生署加強減肥功能相關食品廣告之監控與查處。	小玉西瓜殘留農藥 守宮木減肥菜健康危害
1997，民國 86 年	亞洲金融風暴	修正「食品衛生管理法」第 17 條及第 38 條之規定，增列標示有效日期之規定等。	
1999，民國 88 年		公布「健康食品管理法」。	
2000，民國 89 年	開放小三通	修正公布「食品衛生管理法」全文 40 條，強調自主管理源頭管制。 正式公告實施「食品良好規範」（food Good Hygienic Practices，簡稱 GHP）。	

資料來源：作者整理自繪

（四）自由貿易下的食品安全（2000 年迄今）

2000 年開始是食品安全管理制度的大轉變，歐盟於2000 年1 月發表了「食品安全的白皮書」（White paper on food safety），白皮書提出了一項根本性的改革計畫，修改歐盟25 年來的食品安全衛生法規的決定，就是食品法以控制「從農場到餐桌」之過程為基礎，包括普通動物飼養、動物保健與健康、農藥殘留和污染物、新型食品、添加劑、香精、輻射、包裝、飼料生產、食品生產者的責任，強調食品生產者對食品安全所負的責任，並引進 HACCP 體系，要求所有的食品和食品成分具有可追溯性，各種農田生產控制措施及建立歐洲食品管理局亦是白皮書的一個重要內容。

歐盟的食品立法早於1960 年代即已開始，在1980 年代新型態的食品安全事件陸續爆發之前，歐盟雖已陸續制定食品相關法規，但原則上仍是以促進內部市場的商品自由流通為目標，並未以消費者的健康保護為發展重點，直至1985 年英國爆發的狂牛症事件，重創歐盟食品安全管理體系，顯示出歐盟對食品管理的不足，才迫使歐盟制定新的食品法規來面對接續的食品問題。

2000 年衛生署參考國際規範，強調源頭管理，加強業者之衛生自主管理及源頭管制，將以往僅針對最終產品檢驗之方式，提升為對整體流程的監督，明定食品業者對食品供應鏈所有過程以及設備應符合「食品衛生良好規範」，另經中央主管機關公告指定之食品業別，應符合食品安全管制系統之規定。

在此新規定中，無論食品業者之硬體設施或是品保制度，均應符合衛生署所定之「食品良好衛生規範」（food Good Hygienic Practices, GHP）。至於針對特別公告指定之食品業者，尚須符合衛生署所定食品安全管制系統之規定。所謂 GHP，是指各類食品業者在製造、加工、調配、包裝、運送、貯存、販賣食品或食品添加物時，為確保其產品之衛生安全或品質所應符合之最基本軟、硬體要求，此等規範在先進國家均早已實施多年，故為提升國內之基本水準，特列入2000 年修法之重點。尤其國內以往只注重硬體設施及產品抽驗，忽視業者應負之品保責任，更需以修法之方式加以改正（陳樹功，2001）。

進入自由貿易體制後的食品事件大多涉及跨部會權責，在加入 WTO 之後更趨明顯。臺灣的食品安全管理主要是由四個部會參與管理，衛生署、農委會、經濟部及環保署。衛生署管轄食品安全與食品工業；農委會負責農漁畜牧產品之安全，針對食物的栽種、養殖、生產、及收穫進行管理，經濟部訂定食品規格、名稱、檢驗方法、中華民國國家標準（Chinese National Standard, CNS）、外銷食品、追蹤工業原料流向及經公告應檢驗項目之輸入食品檢驗業務等；環保署則管轄環境與生態，列管300 多種毒化物。

為避免主管機關間各自行事，導致責任歸屬或任務分派的模糊空間，行政院衛生署、環保署及農委會，2001 年成立「環境保護與食品安全協調會報」，共同協調、溝通、解決食品安全管理上之問題及食品安全重大事件之處理等。該會報下設「食品安全評估工作小組」、「環境監測及毒化物管理工作小組」及「農、畜、水產品安全管理工作小組」，另制定「衛生署農委會環保署環境保護與食品安全通報及應變處理流程」，供部會通報及聯繫參考。

隨著進出口產品越來越繁瑣，食品安全注重供應鏈上的管理是全球的趨勢，臺灣面對國際食品安全管理制度的轉變，在2003年實施「危害分析重要管制點」（Hazard Analysis Critical Control Point, HACCP）之食品安全管制系統。此系統強調源頭管制與自主管理，採取事前預防措施以去除或降低食品危害。一方面輔導製造業者建立自主衛生管理制度，彌補政府品管方式的不足，另一方面由於臺灣已在2002 年加入 WTO，HACCP 制度被推薦為世界性的指導綱要，在自由貿易的互惠平等原則下，可依其對產品的衛生安全品質要求，簡化進出口原料及加工品等的通關查核程序。之後陸續針對高風險的產業推動食品安全管制系統，如水產品（2003年）、餐盒食品工廠（2007 年）、肉品加工品（2007 年）、乳品加工業（2010 年）及國際觀光飯店（2014）。

在媒體、網路的發達下，為使國人在食品選擇上有明確的安全依據，不受外界各種不確定資訊干擾，衛生署於2005 年成立「食品安全警報紅綠燈」機制，在食品安全疑慮發生的六至八小時內，透過由食品衛生相關各界代表機構所組成的小組，進行食品安全疑慮之探討與專業風險評估，根據危急程度公布食品安全警報紅綠燈之燈號，提供國人作為辨識食品安全的基準。2007 年推動「加工食品追溯系統」的建置，使食品在生產、加工、流通、銷售的每一階段，都可以向上游追蹤或向下游追溯，並透過電子化技術讓資訊透明且即時呈現，可查詢工廠簡介、原料檢驗結果、生產線殺菌資料、成品檢驗結果等資料（行政院衛生署食品藥物管理局，2007）。

2008 年的三聚氰胺毒奶粉事件，引起臺灣對食品安全議題的重視，也顯示各食品相關主管機關在分工與聯繫上仍有不協調之處，難以即時應變緊急事件。為了協助產業發展、調整法規以及提升行政作業效率與資訊透明化，行政院於2009 成立「行政院食品安全會報」，以發揮食品安全政策協調功能。並參考美國「食品藥物管理局」的組織體系，將原衛生署食品衛生處、藥政處、藥物食品檢驗局、管制藥品管理局四個單位，以及醫事處之新興生醫科技產品與血液製品管理等相關業務，整合各相關部門之食品安全業務，成立維護食品安全的專責機構「食品藥物管理局」。

臺灣的健康食品具有廣大的市場，行政院成立跨部會的偽劣假藥聯合取締小組，目的是為了取締地下電臺所賣的偽劣假藥，以及宣稱藥效的健康食品。但在這過程中2011 年5 月卻查出起雲劑含有塑化劑之污染事件。在檢驗康富生技公司產品「淨元益生菌」有無減肥西藥成分中，意外發現含有「磷苯二甲酸二（2- 乙基己基）酯」（簡稱 DEHP）的塑化劑。起雲劑本來為合法的食品添加物，是由阿拉伯膠、乳化劑、棕櫚油混合而成，使用後可使食品中的溶質均勻分散，但業者為降低原料成本、牟取暴利並增加成品賣相，將棕櫚油改用 DEHP 替代、混合原有配方成分之方式添加至起雲劑中，而業者竟將塑化劑當添加物使用近40 年都未被發現，長期食用不僅造成生殖毒性，甚至有致癌危險。污染產品不僅食品還有藥品，主要有五類：運動飲料、果汁飲料、茶飲料、果醬果漿或果凍、膠囊錠狀粉狀型態產品，影響的廠商多達400 多家，嚴重打擊臺灣的國際形象。

事件爆發後，政府立刻修正「食品衛生管理法」31條及34條，罰緩從原來的6萬至30萬，提高為6萬至600萬，有期徒刑從三年以下提高至五年以下，此事件成為有史以來速度最快的法規修正案。

2013年再度爆發「毒澱粉事件」，衛生署公布部分粉圓、黑輪、板條等，被抽檢出違反添加未經許可的工業用順丁烯二酸酐化製澱粉。順丁烯二酸酐是工業用化學原料，一般作為黏著劑、樹脂原料、殺蟲劑之穩定劑、及潤滑油之保存劑，將順丁烯二酸當作是化製澱粉的秘方，能以更低的成本取代修飾麵粉。動物實驗顯示長期攝取順丁烯二酸會對腎臟造成傷害，恐致腎臟病變，如腎小管壞死，甚至會導致急性腎衰竭等。

因此在2013年為提升臺灣食品安全管理效能，對現行法制全面檢討再次全文修正食品衛生管理法，此次修法參考歐盟一般食品法及美國食品安全現代法新增食品安全風險管理專章，將一個全面性的風險預防觀念，明文導入在食品衛生管理法之中，建構風險評估機制，並賦予行政機關設定標準的權力，針對食品安全事件，如何進行預防、風險評估（行政院衛生署食品藥物管理局，2011）。

在食品藥物管理局成立後的食安問題，除了「食品添加物」不當添加的問題，如塑化劑污染食品事件（2011年）、非法添加物順丁烯二酸酐的化製澱粉事件（2013年），還出現市場機制失靈的「食品詐欺」。

食品詐欺是「出於經濟考量的造假，蓄意替換、添加、改變或錯誤呈現食品、成分或包裝。」這個問題不是只在臺灣出現，而是日形嚴重的全球性問題。雖然2013年修正之食品衛生管理法已全面加重刑罰，然而由於2013年8月、10月陸續發生胖達人標榜無添加人工香料的高價麵包使用人工香精的不實案件，及大統和富味香公司的油品混油事件，以銅葉綠素混合便宜的棉籽油，所製成的摻假橄欖油。雖然銅葉綠素是合法添加物，但未獲准添加在食用油。根據「食品添加物使用範圍及限量暨規格標準」規定，銅葉綠素只限於口香糖及非加熱特定產品，且有劑量限制。此次的違法事件是利用低價棉籽油，添加銅葉綠素著色劑，摻假製成高價橄欖油，藉以謀取暴利。這類的食品安全延伸出來的食品詐欺事件，廠商被開罰的金額遠低於獲取的利潤，這些「通過檢驗」的灰色食品或許在危害健康上不如「塑化劑事件」或「毒澱粉事件」，但令社會大眾質疑政府放任既非黑心也非好貨的食品逍遙法外，破壞消費者與市場間的信任關係，其影響至鉅，難以估量。

因此在距2013全文修正後不到一年的時間，於2014年2月5日除修正法規名稱，又再度針對食品衛生管理法進行大幅度的修正。食品衛生管理法大幅度提高攙偽假冒、違法使用食品添加物與不實標示的行政處罰與刑事責任的法定刑度外，最主要的改變就是增加了食品業者對其產品原料、半成品與成品的自行檢驗或送驗義務，加強對於提供食安驗證與檢驗之機構、法人或團體的管理，並課以行政法上的責任，希望藉此建立起由食品業者之自律、檢驗單位之驗證和政府之查驗三者，所共同架構出的「食品三級品管制度」。

而「食安風險分級」將食安事件的風險由高至低分為一至四級，從第一級的「短期食用，立即危害」，需沒入銷毀；第二級的「不符合食品衛生法規標準，但無立即危害」，立即主動公告；第三級的「攙偽假冒或標示誇大」，主動追查回收；到與第四級的「標示不實或不完整」，需要限期公告或限期改正。油品添加銅葉綠素為第二級；油品攙入棉籽油，屬攙偽假冒，則為第三級。「食安事件風險分級」同時也是辨讀資訊，提供民眾瞭解食安事件的風險，避免造成不必要的恐慌。

「食安風險分級」與食品三級品管制度中「業者送驗義務」及「檢驗者與驗證者責任」的規定，將食品安全風險管控的任務，由傳統上政府負責的模式，轉變為由食品業者、民間檢驗與驗證者、甚至消費者等私人共同承擔的新模式。將風險的治理責任轉由私人承擔，食安風險控制的成本予以內部化，藉此解決政府管制以有限資源面對無限風險的窘境。

表2-6 重大食品安全政策與事件（2000-2013）

時間	政經環境	政府食安政策	食安事件
2001，民國 90 年		公布罐頭食品良好衛生規範。成立環境保護與食品安全協調會報（由衛生署、環保署與農委會三方會談的三署會報）。	
2002，民國 91 年	加入 WTO		
2003，民國 92 年		公告施行危害分析重要管制點（Hazard Analysis Critical Control Point, HACCP）的食品安全管制系統（水產品、餐盒、肉品、乳品加工業、國際觀光飯店）。	美國發現第一例狂牛症
2005，民國 94 年		成立「食品安全警報紅綠燈」機制。	戴奧辛鴨蛋、首度開放進口美國去骨牛肉
2006，民國 95 年			硝基呋喃大閘蟹
2007，民國 96 年	全球金融海嘯	公布食品業者投保產品責任險，並分期強制實施。 推動建置加工食品追溯系統，「食品履歷制度」（food traceability）依日本工業標準（JIS）。	瘦肉精豬肉
2008，民國 97 年		強化一般食品及特殊營養食品之廣告管理，並加強黑心食品之衛生安全管理，再修正食品衛生管理法部分條文。	中國輸入國內之乳製品、奶粉及植物性蛋白於 9 月間被檢出含有三聚氰胺
2009，民國 98 年		成立由行政院副院長擔任召集人的「行政院食品安全會報」。	
2010，民國 99 年	ECFA 簽署	食品藥物管理局（TFDA）成立。	真空包裝食品肉毒桿菌中毒
2011，民國 100 年		修正食品衛生管理法 31 及 34 條。	塑化劑污染食品事件
2012，民國 101 年		修正食品衛生管理法 11、17-1、31 條。	美牛事件
2013，民國 102 年		全文修正「食品衛生管理法」建立食品風險管控機制。	非法添加物順丁烯二酸酐的化製澱粉事件（2013 年）、食品標示不實事件（2013 年）、油品混充事件（2013 年）

資料來源：作者整理自繪

（五）公衛體系的弱化與零檢出

1. 公衛體系的弱化

臺灣從1975年開始制定食品安全制度，食品安全屬於公衛體系，當時政府主要政策以「基層公共衛生建設優於醫療建設」為最高指導方針。現代意義下的公共衛生是一門經由社會集體的、有組織的力量，預防疾病、促進健康、延長壽命的科學。它有兩大特點：

（1）以預防為主、治療為輔。

（2）以社會集體的力量促進人類健康。

後者是基於人類健康問題的「公共性」內涵，以及健康是深受政治、經濟、社會所影響。公衛體系因此包括兩大部門：預防與醫療。依照公共衛生預防為主，治療為輔的原則，理想的公衛體系應該能有效預防民眾生病，因此，一個社會疾病及健康問題越少，且需要花在醫療的費用及資源越少，公衛體系越不醫療化，表示公衛體系的成效越好。

1980年代後，臺灣十大死因有了重大改變，癌症、心血管疾病等與飲食習慣息息相關的疾病排名晉升，食品問題不再僅限公共衛生，政府不再強調要公衛建設優於醫療建設，公衛機構資源逐漸缺乏。

臺灣自2002年正式加入世界貿易組織後，進口食品及國際性業務亦日益繁重，儘管成立食品藥物管理局，人力編制依舊短缺，除食品衛生有關之例行性業務外，尚須隨時處理食品中毒等突發性事件，現有人力難負荷當前業務所需。

根據監察院2009年9月針對麥當勞炸油事件對衛生署所提出的糾正案來看，食品衛生處長期存在著預算不足、人力短絀的現象。根據該案的資料顯示，食品衛生處的預算金額，不僅呈現逐年遞減，而且占衛生署總預算數的比重也逐年下降。

監察院指出衛生署食品衛生處2005年至2009年食品衛生管理之業務費預算數呈逐年減少趨勢，且經折算2008年食品衛生行政管理經費總預算，平均每位國民僅有11 元，足見其經費預算編列嚴重不足（監察院，2010）。衛生署2009 年之業務費總預算，其中食品衛生管理之業務費少於總預算之千分之二，單位預算配置嚴重失衡，顯見其輕忽食品安全業務。據統計該處預算員額編制自2005 年至2009 年未見成長，以2011 年全國保健支出為例，共9,100 多億的經費中，約有94% 用在醫療，僅有3.9% 用在公衛，形成「重醫療、輕公衛」扭曲的比例。而衛生署預算中，僅有3% 用於食品藥物管理上，食品安全也僅占食藥安全管理經費其中的三分之一。平均每一位國民、每年可分配到食品管理經費只有34 元，只有美國、英國的20%，香港的7%（衛促會，2013）。

食品安全在公共衛生領域中具有幾項特質：食品業者競爭者眾、利潤相對微薄、危險性低等等（葉峰谷，2010）。這些特質形成的結果造成民間團體對政府在食品安全的管理工作服從性高，也使食品衛生主管機關缺乏改變的動機，因為相較於醫、藥而言，食品的利潤太低，很少是基於經濟因素對核心團體進行挑戰。而且相關牽涉到的團體眾多，很容易牽一髮而動全身，如果沒有外部重大事件，皆以政府主導政策走向。

食品安全事件層出不窮與臺灣公衛體系長年資源不足息息相關，從公共衛生政策的角度而言，食品的安全性往往對國民的健康與生產力造成重大影響，從國家對人民的保護義務而言，政府也負有控管食品安全的義務。

2. 零檢出

隨著食安事件不斷爆發，從瘦肉精到塑化劑，國內媒體與政治人物在對污染物及添加物要求做到「零檢出」，但是「零檢出」從科學的角度來分析其實是不合理的數據。

如果單從字面上來看，「零檢出」被解讀為「沒有添加任何有害物質」、「有害物質含量為零」。但這取決於檢測儀器的敏銳度，假設檢測儀器的敏銳度能檢測到 ppm（百萬分之一），此時若驗不出微量重金屬和毒素，是否可以被稱作「零檢出」？若檢測儀器的敏銳度提高到ppb（十億分之一），而檢測出微量重金屬和毒素，即使「檢出」含量也極微，並不等於對人體「有害」。

在現今高度開發的社會，環境污染是越來越嚴重，食品即使沒有加入任何添加物，但許多微量的有害物質本來就存在於自然界中，儀器檢測感度會越來越高，未來會有更多的食品，被檢驗出含有極微量的有害物質，但是不管多麼微量，那終究是一個非常靠近零的值，而不是零。檢驗微量重金屬和毒素不是「有或沒有」，較正確的說法是：該物質的含量趨近於零，無法被機器偵測出來，其實稱為「未檢出」會更恰當。

正確的方法是對食品的污染物訂一個標準，比方說瘦肉精，除了參考國際標準之外，仍需考慮到各國的飲食習慣不同。例如國人每日食用豬肉的比例遠高於許多國家，並且有食用內臟的習慣，而內臟恰好是最容易吸收藥物的部位，因此對於瘦肉精的標準應更加謹慎。對於塑化劑，大人、小孩耐受量不同，訂定耐受量安全值時，應考量體重、曝露量，分別訂出標準，只要攝取量保持於安全劑量內，就不會對人體健康造成危害。這些資訊公布的越充分，消費者便可以依照自己願意付出的代價、承受的風險，決定購買行為。

因此「零檢出」是不存在的，如果食品想要求零檢出，不但會造成市場上多種窒礙，整個社會也將付出不符合效益，甚至無法負擔的龐大成本。政府相關單位、民意代表、媒體和民眾，都要建立正確的認知與共識，才能取得其中的平衡性。

三、結論

臺灣食品衛生管理法迄目前為止，總共經過三次全文修正，及九次部分修正，至2014年2月5日修正公布版本甚至將該法更名為「食品安全衛生管理法」，也在11月底陸續端出「食品安全事件風險分級」制度與「食品安全衛生管理法部分條文修正草案」，以宣示對食品安全保護之決心，甚至新法中還增訂「食品安全保護基金」，作為補助消費訴訟或健康風險評估相關費用之基金來源。

食品安全的概念並非一成不變，而是處在不斷的演變與發展之中。隨著生物技術與食品檢測技術的不斷發展，研究手段的不斷進步，固有的食品安全理論必然會受到衝擊，人們對關於食品安全性的各種因子的認識必然會被深化或者顛覆。例如過去20年，動物性飽和脂肪如紅肉、動物油和全脂牛奶，都被視為危害健康膽固醇的來源，植物性不飽和脂肪則能降低膽固醇、對抗氧化造成的傷害。後來發現不飽和脂肪較不穩定，高溫加熱後產生自由基，反而變得不安全，易引發老化、癌症等疾病。又例如美國農業部1992年提出的飲食金字塔，主張大量攝取金字塔底層的五穀類等碳水化合物，現在又被認為是現代人肥胖以及糖尿病不斷增加的肇因。

食品生產技術的提高，政府部門監管體系的不斷完善，將會使食品的安全性大大提高，食品污染的機率隨之降低。而隨著社會的進步，人民生活水平的提高，對食品安全程度的要求也會相應提高，某些現在看來不是問題的食品安全因子，在將來的某一天很有可能成為重要問題，現存的安全問題隨著新技術的開發獲得解決後，又將有新的安全問題走進人們的視野。

例如基改食品改變了大自然的定律，將給人類健康及環境帶來衝擊，但卻是解決人口過度成長所帶來的糧食匱乏及營養不足的有效方法。在地化食材，能降低因運輸對石油的消耗與空氣污染，減少食物里程並照顧到社會，卻使得餐桌上食物的豐富性大打折扣，也降低土地的有效產值。有機食物雖然維護生態及人類健康，但會大幅增加食物成本。小型食品加工廠雖然能夠促進當地就業，卻往往是食品安全容易疏忽的地帶。

決策者時常面臨兩難的衝突狀況，安全與否難以建立絕對指標，個人、企業及組織一方面要求決策者採取措施，以降低新興技術可能對環境及健康帶來的風險，另一方面卻又要求可以自由採用新興科技與技術。

健康與否更隨著時代觀念轉換而改變，加上環保、土地開發、水資源維護、農民收入各種攸關價值觀的議題，制度上必須建立一套具詳細科學證據及其他客觀資訊之決策程序，即以「風險分析」制度來處理現代社會的食品安全風險，業者及消費者所面臨的風險隨著科技迅速發展與日俱增，可明顯觀之食品的核心問題已由「衛生」轉至「安全」面向。面對連續食安事件受創的誠信問題是臺灣食品業面臨的困境，如何在未來喚回消費者對廠商的信心是食品業需做到的企業責任之一。改善從業人員的知識基礎，並推動整個產業現代化，才能為國家建立長久的安全食品供應制度。

參考文獻

中文書目

Bee Wilson 著、周繼嵐譯，2012，《美味詐欺：黑心食品三百年》。新北：八旗文化。

Hans-Ulrich Grimm 著、劉于怡譯，2014，《把化學吃下肚》。臺北：麥田出版。

Hans-Ulrich Grimm 著、蕭芬芳譯，2001，《魔鬼的高湯》。臺北：高寶國際有限公司。

Harvey Levenstein 著、簡秀如譯，2014，《食不由己：揭露科學家、政客及商人如何掌控你的每日飲食》。臺北：麥田出版。

Marion Nestle 著、許晉福譯，2004，《美味的陷阱：驚爆誇大健康的食品謊言》。新北：世茂出版。

Michael Pollan 著、曾育慧譯，2009，《食物無罪》。臺北：平安文化有限公司。

Michael Pollan 著、鄧子衿譯，2012，《雜食者的兩難：速食、有機和野生食物的自然史》。新北：大家出版。

Paul Trummer 著、洪清怡譯，2013，《食物的全球經濟學：從一片披薩講起》。新北：衛城出版。

Robert J. Davis 著、陳松筠、黃燕祺譯，2012，《誰說咖啡有害健康？專家告訴你65 則經過科學驗證的飲食真相》。臺北：商周出版。

牛惠之，2005，〈預防原則之研究：國際環境法處理欠缺科學證據之環境風險議題之努力與爭議〉。《臺大法學論叢》，34 卷3 期。

古源光、廖遠東、劉展冏，2009，〈農產品產銷履歷制度〉。《科學發展：食品科技與安全》，第441 期。

江辛美，2008，《日治時期臺灣醬油產業研究》。彰化：國立彰化師範大學歷史學研究所碩士論文。

江晃榮著，2014，《恐怖的10 大食品添加物》。新北：方舟文化出版。

行政院研究發展考核委員會編印，1987，《加強食品衛生管理第二期方案查證報告》。臺北：行政院研究發展考核委員會。

行政院農業委員會，2006，《臺灣農家要覽》。臺北：行政院農業委員會。

行政院農業委員會，2013，〈確保糧食安全加強農產品安全管理〉。《農委會年報》，臺北：行政院農業委員會。

行政院衛生署，2008，《食品安全與營養白皮書》。臺北：行政院衛生署。

行政院衛生署，2009，《衛生報導季刊》，第141期。

行政院衛生署食品藥物管理局，2007，《藥物食品安全週報》，第118期。

行政院衛生署食品藥物管理局，2011，《2011 全國食品安全會議講義》。臺北：行政院衛生署食品藥物管理局。

行政院衛生署食品藥物管理局，2012，《食品添加物宣導手冊（第三版）》。臺北：行政院衛生署食品藥物管理局。

行政院衛生署食品藥物管理局，2012，《食品添加物登錄管理制度暨操作手冊》。臺北：行政院衛生署食品藥物管理局。

吳榮杰，2010，〈強化臺灣食品安全管理機制刻不容緩〉。《看守臺灣》，12卷1期。

李義川，2006，《餐飲衛生與管理》。新北：揚智文化。

李錦楓，2015，《圖解食品加工學與實務》。臺北：五南文化。

李錦楓、林志芳，2007，《餐飲安全與衛生》。臺北：五南文化。

沈明穎，2012，《一個新式製糖工場的興衰：1908-2001》。臺北：東吳大學社會學系碩士論文。

周桂田，2003，〈全球在地化風險下之風險溝通與風險評估：以 SARS 為 Case 分析〉。「疾病與社會：臺灣歷經 SARS 風暴之醫學與人文反省學術研討會」，國立臺灣大學社會科學院。

林信堂，2005，〈從食品安全事件談風險評估及食品衛生管理發展〉。《食品市場資訊》，94卷9期。

邱雯雯，2010，《中國食品安全制度的發展與挑戰：以毒奶粉事件為例》。嘉義：南華大學國際暨大陸事務學系亞太研究所碩士論文。

胡忠一 ，2006，〈建立我國農產品產銷履歷紀錄制度〉。收入於陳榮五、李健捧、邱玲瑛主編，《安全農業生產體系研討會專刊》。彰化：行政院農業委員會臺中區農業改良場。

胡忠一 ，2006，〈國內產銷履歷制度推廣現況與展望〉。收入於《作物產銷安全管理發展研討會專刊》。花蓮：行政院農業委員會花蓮區農業改良場。

張正明、蔡中和，2005，《食品安全衛生與法規實務》。新北：威仕曼文化。

張健輝，2013，《美援黃豆與臺灣食用油脂工業發展之研究》。桃園：國立中央大學歷史研究所碩士論文。

張德粹，1999，《農業經濟學》。新北：正中書局。

許文富，2012，《農產運銷學》。新北：正中書局。

許惠悰，2004，〈食品安全之風險評估〉。《看守臺灣》，6卷3期。

郭孟杰，2012，《歐盟食品安全法規對臺灣食品衛生管理法之啟示：以水產養殖業為例》。嘉義：南華大學歐洲研究所碩士論文。

陳尹婷，2011，《生技產業政策、食品科技與商品化：以臺灣紅麴保健食品為例》。臺中：東海大學社會學系碩士論文。

陳昭如，2012，〈食品公害何時了？從1979年油症多氯聯苯事件談起〉。《臺灣新社會智庫》，第21期。

陳祈睿，2007，〈新農業運動：擴大推動農產品產銷履歷制度〉。《農業與農情》，179期。

程修和，2014，《食物學原理》。臺中：華都文化。

雲無心，2010，《吃的真相：科學家為你解開74個食物密碼》。新北：野人文化股份有限公司。

黃尹科，2012，《塑化劑事件政府危機管理之研究》。南投：國立暨南國際大學公共行政與政策學系碩士論文。

黃聖賀，2011，《食品衛生安全管理法制之比較研究：以食品安全風險分析為中心》。花蓮：國立東華大學自然資源與環境學系碩士論文。

楊岱欣，2014，《歐盟與我國食品管理法制之比較研究》。桃園：國立中央大學法律與政府研究所碩士論文。

楊智元，2009，《毒奶粉的風險論述分析與三聚氰胺的管制爭議》。臺北：國立臺灣大學國家發展研究所碩士論文。

經濟部，2002，《食品產業年鑑2002》。臺北：經濟部ITIS專案辦公室。

經濟部，2006，《食品產業年鑑2006》。臺北：經濟部ITIS專案辦公室。

經濟部，2010，《食品產業年鑑2010》。臺北：經濟部ITIS專案辦公室。

經濟部，2013，《食品產業年鑑2013》。臺北：經濟部ITIS專案辦公室。

經濟部，2014，《食品產業年鑑2014》。臺北：經濟部ITIS專案辦公室。

葉茂生，1997，《農業概論》。臺北：三民書局。

葉峰谷，2010，《公共政策制定過程的均衡與斷續：以毒奶粉事件處理模式為例》。臺北：國立臺北大學公共行政暨政策學系碩士論文。

監察院，2010，《改善食品衛生管理問題，刻不容緩》。臺北：監察院。

監察院，2011，《我國食品安全衛生把關總體檢專案調查研究報告》。臺北：監察院。

臺北市政府衛生局，2009，《臺北衛生足跡40年》。臺北：臺北市政府衛生局。

劉邦立，2006，《傳統食品加工產業生產力影響因素之分析》。桃園：國立中央大學產業經濟研究所碩士在職專班碩士論文。

劉惠敏，2014，《營養聖戰40年：臺灣營養學會40周年紀念專書》。臺北：遠見天下文化。

劉麗雲，2011，《食品衛生與安全》。臺北：秀威資訊。

衛促會，2013，《2013年民間公衛論壇》。臺北：衛促會。

顏國欽，2010，《最新食品衛生安全學》。新北：藝軒圖書出版社。

譚偉恩、蔡育岱，2009，〈食品政治：「誰」左右了國際食品安全的標準？〉。《政治科學論叢》，第42期。

續光清，1996，《食品工業》。新北：財團法人徐氏基金會。

行政院衛生署、環保署、農委會、教育部，2008，《食品安全與營養白皮書：2008-2012》。臺北：行政院衛生署。

英文書目

Beulens, Adrie J. M., Douwe-Frits Broens, Peter Folstar & Gert Jan Hofstede, 2005, “Food safety and transparency in food chains and networks Relationships and challenges.” *Food Control*, 16(6): 481-486.

Codex Alimentarius Commission, 2011, *Procedural Manual (20th Edition)*. Rome: Food and Agriculture Organization of the United Nations.

Dye, Thomas R., 1998, *Understanding Public Policy*. Englewood Cliffs: Prentice Hall.

Dye, Thomas R. & L. Harmon Zeigler, 1987, *The Irony of Democracy: An uncommon Introduction to American Politics*. Boston: Wadsworth Cengage Learning.

EFSA, 2012, *The European Food Safety Authority at a glance*. https://www.efsa.europa.eu/sites/default/files/corporate_publications/files/corporatebrochure%2C0.pdf

Figuie, Muriel, Nicolas Bricas, Vu Pham Nguyen Thanh & Nguyen Duc

Truyen, 2004, "Hanoi consumers'point of view regarding food safety risks: an approach in terms of social representation." *Vietnam Social Sciences*, 3 (101): 63-72.

Giddens, A., 1984, *The Constitution of Society: outline of the Theory of Structuration*. Blackwell: Polity Press.

Griffith, Christopher J., 2006, "Food safety: Where from and Where to?" *British Food Journal*, 108(1): 6-15.

Grunert, Klaus G., 2005, "Food quality and safety: consumer perception and demand." *European Review of Agricultural Economics*, 32(3): 369-391.

Henson, Spencer & John Humphrey, 2009, *The Impacts of Private Food Safety Standards on the Food Chain and on Public Standard-Setting Processes*. Rome: Nutrition and Consumer Protection Division Food and Agriculture Organization of the United Nations.

Holleran, Erin, 1999, "Private incentives for adopting food safety and quality assurance." *Food Policy*, 24(6): 669-683.

Johnson, Renee, 2014, *Food Fraud and "Economically Motivated Adulteration" of Food and Food Ingredient*. Congressional Research Service, Washington, D.C. https://fas.org/sgp/crs/misc/R43358.pdf

Kingdon, J. W., 1984, *Agenda, alternatives, and public policies*. Boston: Little, Brown and Company.

Kingdon, J. W., 2003, *Agenda, alternatives, and public policies (2nd ED)*. London: Longman.

Maloni, Michael J., & Michael E. Brown, 2006, "Corporate Social Responsibility in the Supply Chain: An Application in the Food Industry." *Journal of Business Ethics*, 68(1): 35-52.

Marx, Karl & F. Engels, 1978, "The Communist Manifesto." in R. Tucker ed., *Marx-Engels Reader*. Princeton, NJ: Princeton University Press.

Millstone, Erik & Patrick van Zwanenberg, 2002, "The Evolution of Food Safety Policy-making Institutions in the UK, EU and Codex Alimentarius." *Social Policy & Administration*, 36(6): 593-609.

Nordlinger, E., 1981, *On the Autonomy of the Democratic State*. MA: Harvard University Press.

Ortega, David L., H. Holly Wang, Laping Wu & Nicole J. Olynk, 2011,

"Modeling heterogeneity in consumer preferences for select food safety attributes in China." *Food Policy*, 36(2): 318-324.

Rohr, A., K. Luddecke, S. Drusch, M. J. Muller & R. V. Alvensleben, 2005, "Food quality and safety- consumer perception and public health concern." *Food Control*, 16(8): 649-655.

Shears, Peter, 2008, "Food Fraud-A Current Issue but an old problem." *British Food Journal*, 112(2): 198-213.

Spink, John & Douglas C. Moyer, 2011, "Backgrounder: Defining the Public Health Threat of Food Fraud." *Journal of Food Science*, 76(9): 157-163.

WTO/FAO, 2006, *Food safety risk analysis: A guide for national food safety authorities*. Rome: Food and Agriculture Organization of the United Nations.

「南統一」與「北味全」：臺灣食品業雙璧

王振寰、陳家弘

INTRODUCTION

統一與味全，兩家同為發跡於臺灣本土的食品產業，並隨著國家發展及經濟成長而逐漸豐厚其羽翼，成為並稱「南統一」、「北味全」的食品業雙霸。兩家企業亦不約而同地朝周邊多角化，擴大企業規模，亦步上發展通路之道。即便統一與味全兩間企業於日後的發展各有千秋，他們所代表的不僅是臺灣食品產業的模範，所生產的各種膾炙人口的食品，更是陪著許多臺灣人一同成長的回憶，宛如一部臺灣食品史的縮影。

本章將分述統一與味全的發展歷程，從其如何從無到有，到發展周邊產品多角化，再到西進大陸跨國佈局。而統一與味全對發展通路的不同態度，以及內部接班問題又是如何影響兩家公司日後的發展？近年來，食品安全問題成為眾所矚目的焦點，統一與味全在層出不窮的食安風暴中受到何種衝擊？各自又如何因應食安風暴造成的影響？所有問題將於此章一一解析。

一、「食」尚生活的引領者：統一企業

48 年前，一間發跡於臺南永康鄉下，以生產麵粉與飼料起家的食品廠，沒有人能想像它將在短短六年內超越當時食品業龍頭：味全企業，成為新一代臺灣食品業霸主（莊素玉，1999：169）。48 年後，這間食品廠的規模已無法與當時同日而語。不僅依舊維持食品製造的冠軍地位，生產許多膾炙人口的經典食品，更在全臺擁有超過 5,000 家的連鎖便利商店，以及一個遍及全臺，迅速且強大的物流支援網絡，串起周邊數十間子企業，引領著你我的「食」尚流行與日常生活。其觸角更突破疆界，持續往中國大陸、東南亞、美洲地區擴大其影響力。

這就是「統一企業」，一間當年起步較晚的食品業後進，它是如何從臺南鄉下發跡？又透過何種經營策略後發先至，成為今日橫跨食品、物流業，高度多角化經營的企業集團？在食安問題成為民眾與食品業者夢魘的當下，統一企業又將如何因應面對？以下將就統一企業發跡過程、多角化與國際化經營、物流通路系統與食品安全等層面逐一剖析。

（一）高清愿與臺南幫

今日臺灣食品業界的龍頭「統一企業」，係由與「臺南幫」[1] 淵源深厚的高清愿先生創立。1929 年，高清愿出生於臺南縣學甲鎮倒風寮，其父高權為當地牛販，於高清愿 13 歲時因病過世。其母郭弄瓦便身兼父職，一路扶養拉拔高清愿成長。

由於父親早逝，使得高清愿在完成小學學業後便得投身職場賺

1 「臺南幫」就定義而言，意指地緣上出身臺南地區，彼此企業間有著高度連結的企業集團。第一代領導人有吳三連、侯雨利與吳修齊、吳尊賢兄弟等人；第二代領導人有高清愿、翁川配等人。臺南幫以「臺南紡織」、「統一企業」為核心，統括周邊其他子企業，多角化經營紡織、水泥、營建、食品、鋼鐵、物流等領域。臺南幫成員與企業間彼此投資持股，形成一緊密的商業集團，自戰後至今日仍具有強大影響力。

錢養家，小學畢業也成為高清愿唯一的正式學歷。1942 年高清愿小學畢業後隨母親遷居臺南市，先是在一家草鞋店工作，而後在其表姊夫，日後臺南幫核心人物吳修齊的介紹下進入高雄岡山的海軍兵工廠工作。1945 年隨著日本戰敗，海軍兵工廠關閉，失業的高清愿與母親搬回倒風寮閒居一年。之後搬回臺南市，寄居於舅媽開設的臺南一中福利社協助販賣。不久後，吳修齊與吳尊賢兄弟開設的新和興布行正巧缺人，便聘用高清愿到布行工作，從布行學徒（囡仔工）開始做起。

布行學徒生活雖然清苦，但高清愿憑藉其做事迅速俐落與待人誠懇，服務品質讓布行顧客相當滿意，以致有些客戶在高清愿晉升為業務員後還指名要他專人服務，足見高清愿如何受人信賴（莊素玉，1999）。高清愿認真敬業的工作態度也獲得吳修齊兄弟的青睞與信任，也因此日後不論是統一企業的成立，或是對統一其他子公司的投資，都能見到吳氏兄弟與臺南幫成員的身影。

1949 年國共內戰大勢底定，國民政府退守臺灣。鑒於時局變化過大，吳氏兄弟便結束在上海與臺灣的布行經營，高清愿也因此失業。韓戰爆發後美國第七艦隊巡防臺海，兩岸情勢略趨穩定。在吳氏兄弟的投資下，高清愿與幾位新和興布行的老員工另起爐灶，同樣以經營布行為業，在臺南、臺北等地開設六家布行。1953 年，吳尊賢得知政府有意開放設立紗廠，便與時任臺北市長的宗叔吳三連聯繫，希望透過吳三連的良好政商關係，爭取在臺南開設紗廠。1954 年，「臺南紡織」在政府核准下正式成立，由吳三連、侯雨利、吳修齊兄弟等臺南幫重要人物入股投資，其規模為當時臺灣數一數二的大廠，並由吳修齊擔任總經理，負責紗廠營運事務。南紡成立之初需要大量管理人才，吳修齊便網羅高清愿至南紡擔任業務課長。高清愿擁有豐富的布行經驗，加上誠懇與實事求是的工作態度，最終升任為業務經理，對南紡的經營與成長貢獻良多。

高清愿自 1955 年進入臺南紡織任職，於 1966 年離開南紡，服務逾 11 個年頭。有關高清愿為何離開南紡，坊間傳聞眾說紛紜，卻又莫衷一是。離開南紡的高清愿考慮自立門戶，在念及吳氏兄弟提拔栽培的恩情之下，高清愿決定不與其競爭，放棄往自己熟悉的紡織業發展，轉而投入另一項對臺灣戰後初期經濟發展有著極大貢獻的產業：食品業。

1950 年代初期，臺灣正逐步自戰火中復甦，來自美國的美援援助對臺灣經濟重建有著相當程度的貢獻。美援來臺的物資中又以兩項原料至為重要：其一是棉花，其二是小麥。這兩項原物料的大量供應促使臺灣戰後紡織業與食品業（麵粉）快速成長，而這兩項產業則同時扮演滿足國內需求，以及外銷創匯的雙重角色，讓臺灣自風雨飄搖中重新站穩了腳步，為日後臺灣經濟奇蹟打下基礎。

（二）統一企業食品王國的開端

高清愿從熟悉的紡織業，一下進入過去從未接觸的食品業，說來也是因緣際會。1950 年後由於美援小麥供應無虞，使得國內麵粉工廠如雨後春筍般大量設立，也因此造成產能供過於求。政府為避免廠商惡性削價競爭，便於 1953 年限制新麵粉廠設立，既有工廠亦不得擴增其產能，以保護國內麵粉工業之穩定發展（葉仲伯，1966）。1965 年美援停止後，小麥改採廠商自由進口，設廠限制亦於 1967 年解除。離開南紡的高清愿正好搭上設廠解禁的順風車，便於 1967 年成立統一企業於臺南永康，由吳修齊掛名董事長，高清愿任總經理，實質掌控統一企業的營運。統一企業初期創業資金，一方面來自高清愿的親族與鄉里，另一方面則來自臺南幫吳氏兄弟等人投資。有了臺南幫強力的經濟後盾作為奧援，使得統一企業甫創業便具有優於其他競爭者的經濟優勢，擴大與競爭者的差距。

統一企業成立之初，高清愿透過食品業市場調查，發現當時食品工廠多以小規模家族式生產為主，沒有較多資金引進國外先進生產技術與設備，亦缺乏現代化企業經營概念（莊素玉，1999）。因此高清愿決定要做就做到最好，便有了設立麵粉廠、飼料廠與油脂廠的多角化經營藍圖，以生產麵粉、飼料開始在食品業界初試啼聲。

為提供消費者高品質麵粉與公道的價格，統一企業甫投入麵粉生產，便不惜成本地大量引進國外生產設備。據高清愿傳記中所述，原先預計國內外機械混合使用，但高清愿見了德國 MIAG 機械廠商後，便決定購買 MIAG 全套麵粉設備，「連根水管也要用德國的」（莊素玉，1999）。技術方面，統一企業派遣高階主管赴日取經，到日本食品大廠日清製粉實習，學習先進麵粉製造技術。日後統一建立飼料廠，也是採用瑞士 BUHLER 的飼料生產設備。如此大手筆地進口國外先進生產設備與技術，不僅讓統一生產的麵粉、飼料在品質上有別於競爭者，大量製造形成的規模經濟，更壓低了生產成本，使統一企業的商品相較於其他廠商更具有競爭力，也讓統一這個食品業的後進得以後來居上，成立六年之後便取代原先居冠的味全食品，成為臺灣食品業界的龍頭，開啟日後統一企業通往食品王國的康莊大道（莊素玉，1999）。

（三）本業產品與集團版圖的多角化

統一的食品王國版圖便從麵粉與飼料生產開始，以產品多角化向外攻城掠地。由於統一企業創立之初正逢臺灣經濟重建之際，其後的發展歷程亦跟隨臺灣經濟發展脈絡。隨著國民所得與生活品質的提升，統一企業在食品生產與定位上歷經了「吃得飽」、「吃得好」、「吃得健康」與「吃得有文化」數個時期（財團法人統一企業社會福利慈善事業基金會，2012）。對應各時期民眾對食品的需求，統一企業也隨之推出鎖定不同客群的產品，藉由提供多樣化產品來搶攻競爭日益激烈的食品市場。統一企業的產品多角化多自其經營事業的周邊與上下游開始，如利用統一企業生產麵粉加工製造的「統一麵」與「統一麵包」，以及利用榨油後剩餘的豆渣製成飼料等，毫不浪費地讓所有產品物盡其用。周邊多角化則來自其收購或新開發事業，如收購中國乳業工廠後改良研發的「統一蜜豆奶」，以及投入飲料產業後所研發，常銷至今仍為許多人所回味的「統一麥香紅茶」、「統一咖啡廣場」與「茶裏王」系列等，都是奠定統一食品王國的基石，滿足國人不同客群與口味的多元需求。

隨著經濟成長導致民眾飲食習慣改變，冷凍與即時食品成為食品市場上的新貴。統一企業投入冷凍、微波食品生產後，更推出「滿漢香腸」、「及第水餃」、「御便當」、「御飯糰」等合於現代人忙碌生活的即食食品，在瞬息萬變的今日依然能緊緊抓住消費者的胃，出現在用餐時間普羅大眾的餐桌上。

圖 3-1　統一企業食品（陳家弘拍攝）

一方面基於分散風險原則，另一方面也基於高清愿喜歡開創事業的性格，統一企業除了在食品業的周邊與上下游多角化經營外，亦跨足本業之外的跨業投資。1969 年統一便從食品業跨足畜牧業，成立了「統一農畜公司」，1974 年因應食品罐頭加工之需要，將農畜公司轉型為馬口鐵包裝生產廠，改名為「統一實業」往工業生產轉型。1979 年為滿足國際貿易與大宗物資進出口之需求，統一成立了「南聯國際貿易公司」，將集團觸角伸向了流通批發業。1980 年代後隨著電子業蓬勃發展，統一與美商合資成立「統懋半導體公司」（1987），往電子、半導體產業發展。1990 年代以後，民眾娛樂、養生與健康概念日益勃興，統一成立了「統一獅」棒球隊，以創會元老之姿加入中華職棒大聯盟，至今仍為中職賽事的常勝軍，帶給民眾無數歡笑與熱情。健康事業方面，統一則成立了「統仁藥品」（1995）、「臺灣神隆」（1997）、「統一生機開發」（1999）與「統欣生物科技」（2004）等製藥、健康相關公司。2000 年後，統一更跨入育樂與百貨領域，以及回應企業社會責任

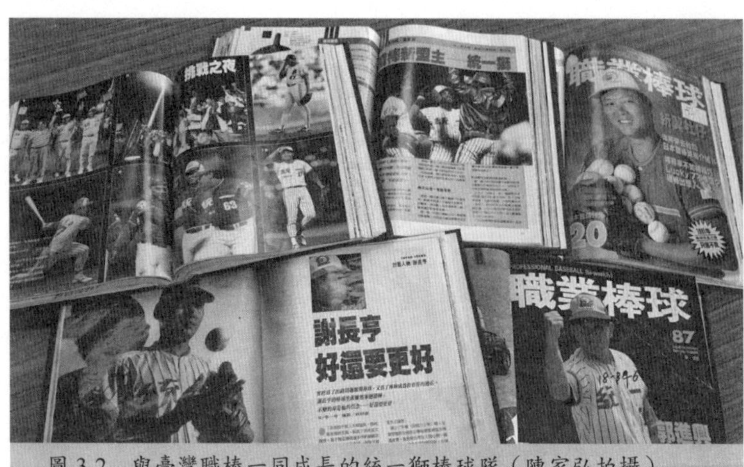

圖 3-2　與臺灣職棒一同成長的統一獅棒球隊（陳家弘拍攝）

（Corporate Social Responsibility, CSR）的社會福祉事業。育樂百貨事業方面成立了「統一百華」（2006）經營統一阪急百貨，以及在高雄獨立經營（2007）、在臺南與南紡集團合作經營的「夢時代」購物中心（2015），提供民眾多元育樂與消費場所；福祉事業方面則成立「統一千禧之愛健康基金會」（2003），以推廣營養保健及預防醫學為宗旨，並以增進全民健康、預防勝於治療之概念為己任。

統一不僅積極跨足異業投資，在食品本業上的投資亦不惜成本，更願意多方嘗試。2016 年統一湖口工廠正式投產，產值估計高達百億。該廠除生產食品之外，更加入體驗元素，成為一結合觀光機能的食品廠，在生產與娛樂間取得平衡。統一企業與其多角化經營事業橫跨了食衣住行與育樂各個層面，完美地融入國人日常生活之中。

（四）通路為王，統一超商發展之路

臺灣經濟發展初期由於物資缺乏，基本上是個賣方市場，生產者只要有商品產出，不必煩惱沒有人購買。但隨著經濟發展與民眾消費水平提升，對商品的要求也日益提高，過去由賣方主導的市場已不復見。生產商除了要在品質與項目上滿足變得挑剔的消費者外，更需要能夠面對消費者的流通銷售管道，將商品呈現於其面前。因此縱使統一企業能夠生產高品質、多元化的食品，若無銷售

圖 3-3　7-ELEVEn 的代表角色：OPEN 小將（陳家弘拍攝）

通路搭配亦是英雄無用武之地。統一創業初期因品牌名聲尚未建立，為開拓市場與打響名號而採取小地域經銷制來銷售麵粉與飼料。1970 年代後因自助式超市的興起，以及統一產品的多元化使過去的經銷制度難以全面兼顧，再加上高清愿赴歐考察時，聽到「未來最重要的是誰能掌握通路，誰就是最後贏家」一席話，讓統一企業決定籌組自己的銷售通路，成立直營營業所與地方經銷商共同販賣統一產品（莊素玉，1999）。1977 年時留學日本，對流通產業有著高度興趣的徐重仁進入統一企業，著手籌組統一的零售通路，將統一超商獨立於統一企業之外，自成一獨立子公司。統一於 1979 年與美國南方公司（Southland Corporation）簽約，引進 7-ELEVEn 經營技術，並於次年成立「7-ELEVEn 統一超商」，全臺 14 家分店同時開業，為統一企業直接面對消費者的零售通路。

統一超商的發展並非一帆風順。成立初期在美國南方公司指導下，通盤移植美國經營模式與經驗。鎖定的客群為社區家庭主婦，店面設立地點也以住宅區為中心。銷售商品以鍋碗瓢盆、洗衣精與奶粉等家庭日用品為主，且均一不二價，營業時間也不像今天 24 小時全年無休。由於臺美社區型態差異、設立地點難以吸引外來客源，加上家庭主婦對食物與日用品購買錙銖必較，不二價的統一超商對其難以產生吸引力，因而使得統一超商經營初期虧損連連，只能於 1982 年黯然併入統一企業之中，結束其獨立子公司地位（鍾淑玲，2005）。

統一超商的挫敗並未使高清愿灰心，他依然認為發展零售通路是正確的決定。1982 年到1988 年，是統一超商銷售策略轉換，以及根基構築的重要時期。在徐重仁銳意改革之下，與統一企業合併後的統一超商汲取了過去失敗的經驗，開始在經營方式上著手改進。

統一超商先在全臺店面中，選擇數間試辦24 小時營業，並分析各個時段的來客人數、消費商品與客群組成。而後發現深夜時段的營業額竟占了每日營業額相當程度，確定了深夜客群的消費力，因而自1983 年開始全臺實施24 小時營業，讓統一超商至今仍為照亮深夜的一盞明燈。消費客群方面，經由調查發現12 歲到34 歲之間的族群占了消費客群中的絕大多數，而男性消費者又較女性消費者來得多。因此統一超商將鎖定客群自過去的家庭主婦，轉往13到35 歲的年輕族群，拓店地點則由原先選定的住宅區，轉而選擇在大馬路交會處開店（鍾淑玲，2005）。

除此之外，統一超商另一項重要變革，即是確立品牌。過去統一超商的招牌是「7-ELEVEn」與「統一超級商店」兩者並存，徐重仁的經營革新，則將「統一超級商店」給拿掉，僅保留「7-ELEVEn」於招牌上，理由是「7-ELEVEn」給人現代化的強烈印象，更能提高知名度，而此品牌確立策略確實也提升了統一超商的人氣（鍾淑玲，2005：146）。經過以上努力，統一超商終於在1986 年轉虧為盈，並於次年再度成為獨立子公司，並於1997 年掛牌上市，至今仍為統一集團中獲益豐富的金雞母，亦為臺灣便利商店之龍頭。

（五）物流網絡串起統一集團版圖

有了高品質的產品製造，以及直接面對消費者的零售通路，要如何將二者串連起來便成為統一亟需面對的重大課題。1990 年，統一與與日本三菱食品提攜合作，設立專業物流中心「捷盟行銷公司」，負責常溫物流配送；1999 年成立負責冷凍、冷藏與米飯食品配送的「統昶行銷」，以及負責出版品物流的「大智通文化行銷」，每個組織依運送商品之性質各司不同的物流配送。

物流網路的完備，有如人體的血管一般，將各家門市所需的商品迅速且確實地送往遍布全臺的統一超商，為統一集團的事業經營帶來極大的優勢。首先，過去因物流組織不夠完善，加上考慮到物流車輛的載貨率與零售店家進貨考量，商品多以12 或24 個一組的大包裝輸送出貨。但大包裝商品帶來占用倉庫空間堆積，以及商品迴轉率的問題，商品的新鮮度也很難加以管理。統一整合物流系統後改善了商品運輸的效率，結合1989 年引入的電子訂貨系統（Electronic Ordering System, EOS）等系統下單，資訊彙整至物流中心後集中揀貨配送，使得商品小包裝流通成為可能。店家可依消費者下單內容，以少量少件方式叫貨。這種以多品項小量販賣的方式，解決了過去大包裝積貨的倉儲問題，進而降低經營成本（鍾淑玲，2005）。

其次，透過在全臺各地設置物流中心，以及增加配送據點的數量並利用回頭車運送貨物，可以有效降低物流成本與出車次數。遍布全臺密集的物流網絡，更使得物流系統服務的對象不僅限於統一超商，統一集團旗下的其他子公司，以及以統一超商為核心所形成的流通次集團也成為物流網路的受惠者。

（六）放眼國際，劍指大陸

隨著統一企業在食品業的成功，以及統一超商稱霸臺灣連鎖零售通路市場，統一集團開始將其目標移往海外。由於早年兩岸關係緊張，臺灣企業無法直接「登陸」投資設廠，因此統一早期的海外投資目標多以大陸以外的東南亞國家，以及與臺灣關係良好的美國為主。早在1972 年，統一企業便於泰國投資設廠生產速食麵，開啟了統一集團的海外經營事業。1989 年跨出食品本業，在加拿大成立「加拿大統一亞洲公司」，主要業務為對加拿大方面的投資，以及飯店與超市經營。1990 年統一企業更以三億三千五百萬美元的高價收購美國第三大的威登（Wyndham Food Inc.）餅乾公司，直接登陸美國本土投資設廠，創下當時民營企業海外併購的最高紀錄（莊素玉，1999）。

1990 年代隨著兩岸對立情勢趨緩，政府有限制地開放企業赴陸投資。由於統一企業在臺灣的競爭對手頂新集團，早就以品牌「康師傅」在大陸方便麵市場中打響名號，起步較晚的統一企業要如何追上與頂新之間的差距，成為登陸投資的重要課題。1992 年，統一首先在新疆投資設廠，成立「新疆統一食品」，以當地盛產的番茄生產番茄醬銷售，同年亦於北京設立「北京統一食品」。由於中國大陸幅員廣闊，各區域間經濟發展程度不同，各地口味間亦有相當差距，統一在投資大陸初期亦經過一段虧損連連的慘澹經營，努力摸索如何抓住各地消費者的口味，制訂適合不同區域的行銷策略。1998 年，統一企業成立「統一企業（中國）投資」公司，為大陸地區營運總部，將大陸劃分為七大區塊，更加有力地統籌管理各地投資生產事務（王樵一，2007）。

今日統一企業在中國的經營，早在2000 年左右便已轉虧為盈，收益也逐年俱增，投資經營領域更橫跨食品、飲料、大宗物資、餐飲、貿易等方面。據報載資料顯示，統一集團已占有大陸方便麵與茶飲市場兩成左右的市占率，所生產的奶茶更占了七成左右，足見統一在大陸市場深耕20 餘年，其影響力已逐漸開花結果（林祝菁，2015）。

統一企業除深耕兩岸食品市場外，面對近年來影響力日益增加的東南亞市場，統一亦有一套經營策略。統一企業的東南亞佈局藍圖中，越南是個「南進基地」，故在越南投資設立了油脂、飼料、麵粉與速食麵製造工廠（王樵一，2007）。所生產產品除了就近供應當地市場外，亦外銷越南周邊的菲律賓、印尼等地。對菲律賓方面，統一企業選擇從通路著手，2000 年時與菲律賓 7-ELEVEn 簽約，以在臺發展 7-ELEVEn 的成功經驗經營在菲通路事業，將觸角延伸至國際舞臺。

（七）引領潮流的流通次集團

統一集團的事業版圖，可說是圍繞著統一企業與統一超商兩個核心運轉。統一企業專注於生產高品質食品，透過多角化經營與海外投資，成為橫跨兩岸食品業的佼佼者。統一超商則致力於流通零售事業，同樣透過多角化經營方式擴充其機能與服務，涵蓋範圍橫跨民眾的食衣住行與育樂層面，引領臺灣民眾的「食」尚潮流與生活。

1990 年成立的捷盟行銷公司是統一超商流通次集團發展的先聲，它不僅肩負著流通統一企業產品到 7-ELEVEn 門市的角色，更是串起日後流通次集團各間企業門市的重要網絡。1992 年，統一跨足烘焙業，成立了「聖娜多堡」公司，提供新鮮出爐的烘焙麵包。1994 年統一與日本 DUSKIN 合作成立了「樂清服務」公司，提供租賃銷售清潔產品服務。1995 年對統一流通次集團而言是個重要的一年，除了跨足餐飲的「21 世紀生活事業」成立以外，提供藥妝販售服務的「統一生活事業（康是美）」，以及至今仍為國內重要網路購物平臺的「博客來數位科技」亦於本年成立，揭示了統一企業集團不僅在傳統通路上稱霸全臺，更將其企業版圖延伸至虛擬通路之中。

1997 年，統一與美國 STARBUCKS 合資成立「統一星巴克」公司，如今已成為國內連鎖咖啡店的品牌指標。全臺星巴克門市在店面裝潢上，同樣以簡潔、乾淨大方的落地窗為主要設計，以親切且溫馨的夥伴主動關懷服務，提供消費者悠閒品嘗咖啡的典雅環境，讓在星巴克喝咖啡不僅是種享受，更是種生活品味的呈現。

2000 年開始，統一開始積極與國外知名品牌合作，大舉擴張流通次集團事業版圖，提供消費者更多元的選擇與服務。2000 年，統一與日本大和運輸提攜合作，成立「統一速達公司」引進日本宅配服務系統。俗稱「黑貓」宅急便的統一速達，以統一強大的物流網路為後盾，佐以鮮明、可愛的品牌形象引起消費者的注意。透過全臺 7-ELEVEn 門市取寄貨增加對消費者服務的層面，並提供日益蓬勃的電子商務貨物流通的管道。

2004 年與2006 年，統一分別與美國 Mister Donut 與 COLD STONE CREAMERY 合作，成立「統一多拿滋」及「酷聖石冰淇淋」公司，引進在美國相當普遍的甜點甜甜圈及冰淇淋，提供日益習慣美式飲食風格的臺灣民眾新的選擇。

統一除了引進美式餐飲，提供消費者更多異國食品選擇外，更於2008年與日本SAZABY LEGUE合作，引進其品牌Afternoon Tea，成立「統一午茶時光」公司，提供日式歐風餐飲與生活起居用品銷售服務，讓民眾在忙碌的日常生活中仍能保有一片悠閒品茶的空間。2010年統一則與日本「サトレストランシステムズ株式会社」合資成立「和食上都」，以連鎖餐廳形式打入臺灣日本料理市場，提供民眾耳目一新的和食消費體驗。

統一流通次集團以統一超商為核心，星羅棋布的物流系統為後勤網絡，將各個子企業緊密地連結在一起，更透過集點兌換折價券、電子錢包（icash）等方式強化集團成員間的橫向連結。今日的統一流通次集團已整合現實與虛擬通路，提供多元的飲食、娛樂服務與時尚潮流的生活提案，深深地影響臺灣民眾的日常生活。

（八）與時俱變的組織管理

統一企業組織部門的變化，正有如一部統一發展史的縮影，與時俱變地反映了當時統一企業所面對的現實環境，以及其應變之道。草創之初，由於統一企業規模不大，所經營的食品事業尚屬單純，故在1972年實行事業部制時，僅有麵粉部、食品部、飼料部與油脂部四個事業部，對應統一企業核心生產項目。至1984年止，統一企業隨著其規模日漸成長，以及涉獵生產領域之增加，依序又成立了畜牧部（1973）、研究部（1973）、財務部（1975）、人事部（1980）、採購部（1980）、開發部（1981）、超商部（1982）、奶粉部（1983）與水產事業部（1983）等部門，以及在北中南地區設立分公司處理地方業務。

1984年統一進行組織改革，以「群」部門為單位統籌集團業務，設有技術群、食品群、食糧群、企劃群與管理群，各群設有群總經理，對部門盈虧直接負責。1995年統一企業進行組織再造，以既有群部門為基礎，將食品群細分為一至三群，分別管理日益增加的食品部門，並新增了集團經營層面的管理群與財務群，以及流通群與大陸事業管理群，以對應日漸成長的流通事業與大陸投資經營業務。在此階段的組織改革中，統一企業新增了中央研究所，提升食品生產技術與品質，以及新產品與技術的開發。而此中央研究所的成立與研發成果，更是統一企業能自眾多食品業者中脫穎而出的秘密武器。2006 年，統一在過去組織型態上，進行了最近一次的組織整合，確立統一企業日後大致的營運方向。中央研究所下轄食品、茶飲、速食麵等開發部與生技中心，為統一企業研發之核心機構；技術群則管理臺灣各地工廠，以及各群系列產品之研發；食糧群下轄傳統的麵粉、飼料、水產與大宗食材等部；流通群從事全臺物流事業管理；速食群轄有食品與油脂二部；綜合食品群則管轄冷凍食品、肉品、冰品、醬油等事業部；乳飲群總管乳品、茶飲、咖啡、綜合飲料（果汁、包裝水等）與其他代理品牌飲料；烘焙事業群則管理麵包、糕點等行銷開發。加上負責集團營運的財務、會計與管理群，此十大事業群與中央研究所成為統一企業集團的核心組織，統籌管理全臺統一企業的生產與營運事務（表3-1）。

在管理方面，統一企業實施的是總經理責任制，並設有以董事長與眾多董事所組成的董事會。統一成立之初，高清愿為感念吳修齊的提拔與號召力，便請吳修齊擔任董事長，高清愿則擔任總經理，實質運籌統一集團事務。為了讓集團內部人事新陳代謝，推動集團永續經營，高清愿立下了統一企業員工年滿60 歲申請退休的人事規定，而他自己同樣也遵守此規定（王樵一，2007）。1989年，高清愿花甲之年，便將集團總經理的重責大任交由早已培育多時、歷經集團業務磨練的林蒼生接任，自己則升任為集團副董事長兼總裁。

2003 年，第二任總經理林蒼生年滿60 歲，卸任統一企業總經理，由同在統一集團內部歷練而成的林隆義接任。總裁兼副董事長的高清愿則升任董事長，吳修齊為名譽董事長。

表3-1 統一企業2015年主要產品市占率及營業比重

事業部別	主要產品與業務	市場占有率（%）	占統一企業營業比重（%）
食糧群			
大宗食材部	食材加工買賣	-	0.10%
飼料部	各類畜產飼料	2.3%	4.35%
水產部	各類水產飼料	-	1.66%
麵粉部	麵粉	8.6%	2.60%
速食群			
油脂部	家庭食用油等	2.3%	0.19%
食品部	速食麵、乾吃麵、麵條、鮮食麵等	46.1%	10.98%
乳飲群			
綜合飲料部	果汁飲料	8.6%	2.60%
	包裝水	26.8%	
茶飲事業部	茶類飲料	45.5%	18.53%
乳品部	鮮乳	36.1%	29.12%
	優酪乳	69.5%	
	調味乳	48.1%	
	調味豆奶	48.6%	
	布丁	70.2%	
咖啡部	咖啡飲料、咖啡豆	21.5%	7.08%
代理品牌組	代理品牌系列產品生產行銷	-	0.69%
綜合食品群			
肉品部	加工肉品	38.1%	1.16%
醬油暨調味品部	醬油、調味品	34.7%	3.01%
冷凍調理食品部	冷凍調理食品	5.3%	0.82%
冰品事業部	冰品	4.4%	0.46%
國際部	國外市場開發貿易與代理行銷品牌	-	1.23%
烘焙事業部			
麵包部	麵包、蛋糕、糕點、冷凍麵糰等	-	7.02%
PL烘焙業務開發小組	麵包、吐司、蛋糕系列代工產品開發、生產與通路經營	-	1.85%
技術群			
PL業務開發部	乳品、飲料、冰品、冷調、肉品系列代工產品開發、生產與通路經營	-	5.56%
其他			
其他	其他	-	0.99%

資料來源：統一企業股份有限公司104年度年報，作者整理

統一企業總經理的第四次接班在2007年，由高清愿的女婿羅智先接任總經理一職。羅智先於1985年與高清愿之女高秀玲結婚，次年進入統一企業，調任美國子公司服務，並於海外工作期間攻讀加州大學洛杉磯分校（UCLA）企管碩士學位。歷經九年的海外磨練，1999年羅智先回到統一企業總公司任職，從低溫食品群協理做起，三年後升任副總經理，一路升任至執行副總（謝明玲，2013a）。2007年，羅智先接任統一集團總經理，並於2013年接任集團董事長，集董事長與總經理職務於一身，直到2016年因年滿60歲而卸下總經理職務，交棒給原任統一中控總經理的侯榮隆。

在管理風格上，留美的羅智先有別於過去高清愿與幾任總經理的日式管理，以重視績效與制度的美式實務風格強化統一企業的集團體質。羅智先亦積極讓統一與國際接軌，陸續入股投資國內與海外公司，增加外資持股比例。產品經營上採取「品牌精耕、資源聚焦」，刪減部分產品品項，以積極聚焦於確立集團旗下品牌價值，讓統一從本土食品業者蛻變成國際化食品廠商，以因應日益嚴峻的國際競爭。統一的食品王國之路也在羅智先的引領之下開啟了新的紀元（謝明玲，2013a）。

2016年3月，高清愿病逝，享壽80有8。留下其一手創建的食品與通路王國，以及低調樸實的作風讓人津津樂道，也為一段臺灣食品產業的傳奇畫下句點。

（九）食安風暴，強化自我管控檢測機制

如何讓消費者「食得安心」，長久以來就是食品業者應予重視的問題，同時也是食品業賴以生存的重要價值。近年來，食安問題層出不窮，其中最為嚴重者有2011年爆發的塑化劑事件、2013年毒澱粉事件，以及2014年的餿水油事件，嚴重打擊臺灣「美食王國」之美譽，更衝擊了消費者對食品的信心。

統一企業創立之精神，即為提供消費者「三好一公道」（服務好、信用好、品質好、價錢公道）的優良食品，對食品安全的重視不遺餘力且不計成本。1987年，臺灣發生震驚全國的模仿日

本「千面人」下毒案，嫌犯以注射方式在商店鋁箔包飲料中隨機下毒，並將毒飲料寄給統一企業，藉以勒索贖金。由於當時臺中已有兩名女童因誤食下毒飲料喪命之案例，統一企業對此威脅不敢大意。時任總經理的高清愿並未因此而屈服，反以強力手段對抗到底。高清愿要求全國銷售統一鋁箔包飲料的經銷商，於48小時內回收市面上所有鋁箔包飲料，未徹底執行者將被撤銷經銷權（聯合報，1987）。為徹底宣示統一維護食安與商譽，以及絕不屈服的決心，統一企業邀請衛生、環保、主婦等團體見證，在統一新市廠區將回收的72萬多包鋁箔包飲料，以壓路機輾壓直接銷毀（民生報，1987）。統一此一回收銷毀行動估計損失超過5,000萬元，但為了讓消費者恢復信心，讓統一商品安全有保障，不計成本的回收、銷毀在統一企業看來都是值得的。這種為維護食安、商譽與消費者的魄力與決心，至今仍為統一企業所保存。

2011年爆發塑化劑事件，全臺食品業者人人自危，統一企業亦難以自此風暴中全身而退。被發現生產含有塑化劑起雲劑的賓漢公司為統一企業長期配合廠商，所生產的起雲劑則流向包含統一企業在內的數家食品、飲料廠商，統一企業旗下的「寶健」運動飲料、蘆筍汁，以及「LP33」膠囊產品皆遭受塑化劑污染。對此，統一企業一方面回收通路上所有遭受塑化劑污染的商品，提供消費者換退貨管道，另一方面則更改配方，生產不含起雲劑配方的產品，在網站上發表聲明與檢驗結果，力圖將傷害降到最低（統一企業，2011）。

此次塑化劑事件帶給統一企業相當大的衝擊，讓統一企業在食品安全與檢驗上下了更大的決心。2011年統一成立食品安全中心，在位階上直屬總經理室，專責統一企業食品安全運作機制，並著手對集團產品進行檢查。為了使統一企業不忘塑化劑事件造成的衝擊，統一企業在永康總公司會議室中，大大地寫下了「塑化劑事件，統一之恥」九個大字（尤子彥，2012），亦於統一企業辦公室的廁所中貼上食品安全事件、品質管控相關標示（謝明玲，2013a），臥薪嘗膽般時時提醒統一企業每一位員工。

羅智先說道：「沒有食安，就沒有統一企業。」（謝明玲，2013b）統一企業宣示食品安全為其命脈，以及重振食安的決心，使統一企業於2013年的毒澱粉事件，以及2014年的餿水油事件中未再遭逢如塑化劑事件般的嚴重衝擊。雖有部分代工食品遭受波及，外界亦對部分產品有所疑慮，統一亦從善如流將這些產品下架回收，檢驗自清後再重新上架。不僅如此，統一企業更大幅增加食安、研發相關的投資，自2013年便斥資十億元興建食品安全檢驗大樓，2017年初已啟用營運（經濟日報，2014）。在集團內部亦設立「食安揭弊專線」，強化統一國家級食安中心功能，替統一企業與上下游供應商、生產者的原物料從源頭開始檢驗嚴格把關，讓消費者買得安心，更能夠食得安心（謝明玲，2013b）。

（十）「食」尚生活的引領者

統一企業的發展歷程，就如同一部臺灣經濟發展的縮影。從生產麵粉、飼料業起家，逐步往食品業周邊的製油、飲料、乳品等行業擴張。隨著國民所得與生活品質提升，統一企業在食品生產考量上也歷經了數個不同時期，影響其產品的推陳出新與目標方向。

有別於其他食品業者，統一企業除了整合上下游，在食品業周邊多角化外，更審局度勢地利用收購與投資，積極跨足本業之外的其他領域，形成以統一企業為核心的多角化集團，一步步地擴張其食品王國的版圖。

以食品生產為核心業務的統一企業集團之所以能夠日益茁壯，遙遙領先國內其他競爭者，最大的致勝因素有三：其一為大規模、高品質生產產品，有效利用規模經濟降低生產成本，並透過多角化經營擴大市場占有率。其二為紮根本土，放眼國際，仍不忘劍指大陸，拓展極具潛力的中國食品市場。其三為洞燭機先，及早掌握銷售管道，以及其背後綿密且複雜的物流系統，緊緊地將統一超商與其他統一企業子公司結合在一起，形成具有強大物流行銷能力的流通次集團，以「食」出發，引領人們的「時尚」潮流與生活品味，在食衣住行育樂各個層面深深地影響臺灣人民。

近年來，層出不窮的食安風暴重創了民眾對臺灣食品的信心，也讓臺灣食品業者遭受重大打擊。未來統一如何以身作則，讓消費者「吃得安心」，促使政府正視食安法規制定與把關問題，重新擦亮臺灣「美食王國」的金字招牌，這將是身為臺灣食品龍頭的統一企業無法逃避的重責大任。

二、記憶中的好味道：味全公司

「味全、味全，大家的味全」，一首曾經紅遍臺灣大街小巷的廣告歌曲，不僅是臺灣中生代的共同回憶，也是伴隨臺灣民眾成長的美好味道。味全以生產味精起家，逐步將其觸角擴及醬油、乳品、罐頭生產，在統一企業尚未崛起前稱霸臺灣食品業龍頭地位，更是臺灣第一家食品業上市公司。回顧味全公司發展歷程，可以看到其經營緊隨著時代的腳步，自「工業救國」的理念中誕生，製造五「味」俱「全」的好食品，也走過經營權改朝換代的歷練，在風雨中持續帶給臺灣民眾那記憶中的美好滋味，更串起了一部臺灣食品業發展史。

（一）白手起家，中日臺三地往來

味全公司創辦人黃烈火生於1912年，出生在經濟繁榮的彰化縣鹿港鎮。黃烈火的父親在他兩歲時因病過世，遂由寡母林氏身兼父職，含莘茹苦將黃烈火拉拔成長。黃烈火國小畢業後曾短暫進入中學就讀，途中因病輟學。病癒後透過母親關係介紹，進入彰化地區的「年豐棧」株式會社工作，就此步入職場。

年豐棧的主要業務是代理美國美孚（Mobil）公司與日本石油公司的油料，以及橫濱輪胎公司的輪胎，與交通運輸事業關係匪淺。起初黃烈火在年豐棧擔任會計助理，沒有會計經驗的他不僅勤於請教，並自行購書學習，獲得老闆郭腦與支配人（相當今日之總經理）宋維屏的肯定，第二年便被拔擢擔任業務工作，負責對外推銷販賣。在年豐棧的經驗讓黃烈火受益良多，進而影響他一生除投資食品業外，從事石油及交通運輸事業的深厚淵源。

1937 年，時逢抗戰軍興之際，黃烈火與幾位朋友遠赴日本神戶，於當地創設「和泰洋行」，從事棉布與雜貨買賣，兼營臺灣中盤商的對日採購，獲利相當可觀。在神戶創業的經驗不僅為黃烈火累積起日本方面的人脈，過去在年豐棧時期建立的臺灣人脈亦為其所用，成為日後創立味全、和泰汽車等事業時的重要助力。

1941 年底，日本空襲珍珠港開啟了太平洋戰爭的序幕，也讓日本本土進入戰時體制。但隨著戰爭的擴大，以及貨物管制日趨嚴格，對臺貿易日漸艱困，讓黃烈火開始思考要如何帶領公司走上另一條道路，在友人的鼓勵下開始將事業重心移往中國大陸（黃烈火口述、賴金波紀錄整理，2006）。

隨著美軍大舉進攻，日本在太平洋戰場上已顯露疲態，制空、制海權的喪失更使得往來中、日、臺各地的交通幾近停擺，連帶地影響到黃烈火在日本與中國大陸的生意經營。1945 年 8 月，日本宣告無條件投降，為第二次世界大戰畫下句點。當時在國籍上仍是日本人的黃烈火，其在長春的資產也被蘇聯與中共所接收，就連出清公司存貨所獲得的現金，也因戰後幣值混亂且連日貶值，以致 1947 年渡臺前夕，25 萬元金圓券只夠購買一千餘包麵粉，赴陸投資的心血幾化為烏有（黃烈火口述、賴金波紀錄整理，2006）。

黃烈火返臺後亟思重起爐灶，以手頭現有現金，加上變賣麵粉所得湊合 20 萬元，以此重新構築中臺兩地貿易網絡。當時的臺灣歷經戰火，正值重建之際，黃烈火判斷重整交通運輸為當時所必須之務，加上過去在年豐棧的工作經驗與人脈，便決意投資運輸用油，向美孚公司爭取在臺代理權，建立起美孚上海油庫與基隆之間的海運路線。銷售油料的利潤豐厚，大約三、四個月的時間就累積起百萬元的資金（黃烈火口述、賴金波紀錄整理，2006：91）。為使銷售事業更臻完善，進而擴大業務範圍，黃烈火邀集友人集資百萬，於臺北車站附近購置辦公室與倉庫成立「和泰商行」，兼營油、糖貿易，就此奠定在臺事業經營的基石。

（二）工業救國，好食品五味俱全

1949年底神州淪陷，國民政府帶領大批軍民退守東南一隅，建設臺灣成為反共基地。次年韓戰爆發，美國為圍堵共產勢力擴散，除給予東亞盟國軍事方面的協助外，更提供重建經濟的美援物資，防止這些戰後民生凋蔽的國家被赤化的可能。由於來臺的美援物資有相當程度是棉花與小麥麵粉，直接利用這些原料的紡織業與食品業便成為戰後臺灣最先出現的工業，扮演滿足內需、外銷積匯以復甦經濟的重要角色。

年輕時遠赴日本創業，目睹日本帝國之興亡，瞭解其如何強大的黃烈火，認為西方科技與工業生產觀念是讓日本在明治維新後脫胎換骨的主因，也因此不時在思考要如何以工業來救國，以工業發展來振興臺灣經濟（黃烈火口述、賴金波紀錄整理，2006）。由於當時臺灣農業人口占總人口的80%，黃烈火認為應創造一個可以振興農村經濟，又能提供農村就業機會、滿足民生內需與外銷需求的工業。適逢政府積極發展進口替代工業，減輕民生物資進口依賴，加上美援物資的配合，投資食品業便成為黃烈火的最佳選項，味全公司應運而生（王振寰、溫肇東，2011）。

味全公司初名「和泰化學工業股份有限公司」，由和泰商行轉投資200萬元，於1953年成立於臺北縣三重，由黃烈火擔任董事長。和泰初期以生產味精為主，並於1954年更名為「味全食品工業股份有限公司」，取五「味」俱「全」之意。當時臺灣已有數家味精工廠，但多屬家庭式小規模經營，生產成

圖 3-4　味精事業奠定了味全日後發展的根基（陳家弘拍攝）

本相當高，如何壓低成本便成為領先其他業者的關鍵。黃烈火在投入味精生產之初便遠赴日本考察味精生產技術，發現日本生產的味精不僅品質比臺灣好，生產成本亦較臺灣來得低，便聘請日籍技師進駐味全工廠指導，以日本技術幫助味全生產味精，從而降低生產成本，使味全以後進者之姿，很快地成為國內味精第一品牌（黃烈火口述、賴金波紀錄整理，2006）。

由於生產味精會留下味液（胺基酸液）此項副產品，可供製造醬油與其他相關產品。因此味全在1956年跨足醬油、罐頭與醬菜生產事業，有效利用公司產品及其衍生物來進行周邊多角化經營，開發出來的「味全醬油」很快地便攻占國內醬油市場，亦取得不錯的占有率。1958年，日本協和發酵公司發明味精發酵法，能以極低成本生產味精，對國內味精工廠造成相當衝擊。為此，黃烈火召集研發團隊，成立實驗室自行研發味精發酵法。黃烈火一方面重金禮聘日本專家主持味全實驗室，另一方面則積極網羅臺大相關科系畢業人才。各方努力多管齊下的結果，終於在1959年成功研發味精發酵法，大幅降低味精生產成本。味全挾其成本優勢，配合各式促銷活動搶市，使味全味精不僅在餐廳與加工業方面擁有相當市占率，更進入到全臺每一戶家庭之中（黃烈火口述、賴金波紀錄整理，2006）。味精帶來的龐大收益，不僅使味全很快便回收研發投入的經費，更使味全於1961年股票上市，成為臺灣第一家上市的食品公司。

（三）慧眼獨具，先群雄進軍乳業

受先前赴日考察，看到日本農村因發展乳業而使得農村所得提高之影響，黃烈火於1957年率先投入發展乳業，於楊梅埔心成立味全農場，引入國外乳牛成立實驗牧場，透過貸款農民購買牛隻，以及保證收購所生產牛乳等優惠，大力在臺複製日本經驗。但由於當時臺灣普遍貧窮，民眾所得不高，根本喝不起牛奶，同時也沒有喝牛奶的習慣，加上鮮奶成本較進口奶粉貴上一倍，使得味全銷售乳品之初困難重重。再加上前述對農民保證收購的承諾，以及營運設備成本等，幾乎使味全將其他產品生產的盈餘都賠光，公司營運一度陷入困境（黃烈火口述、賴金波紀錄整理，2006）。好在透過與政府協商，取得銀行團的融資與政府允諾對酪農業的支持，並在政策上開徵進口奶粉稅，以及在學校、軍隊中推廣飲用牛乳。加上臺灣經濟起飛，人民所得提高，飲用乳品的習慣逐漸建立，味全的乳業發展才逐漸轉虧為盈（王振寰、溫肇東，2011）。

其後味全更在乳業基礎上往周邊多角化，1962 年興建冰淇淋工廠，次年更往奶粉領域擴張，並於 1967 年與美國合作發展嬰幼兒食品，搶攻嬰幼兒奶粉市場。但由於政府在進口商壓力之下，並未對屬於民生工業的奶粉訂立保護政策，使得臺灣的嬰兒奶粉市場一直是日本品牌的天下，占有率高達八成（王振寰、溫肇東，2011）。味全透過成立「護士服務隊」，對產婦溝通宣導，強調國產奶粉的優越性，另一方面透過對使用味全奶粉的嬰兒嚴密追蹤控管。透過良好的服務與行銷策略，讓味全奶粉的市占率日益提升，到 1970、1980 年時逐漸到達 50%，成為味全最賺錢的主力產品（黃烈火口述、賴金波紀錄整理，2006）。

（四）多角經營，新產品全力搶市

隨著味全主力商品：味精、醬油與牛乳的成形，味全成為臺灣食品第一品牌，1967 年時由日籍設計師設計的 W 字圓形商標頻繁地出現在臺灣家庭的餐桌上與廚房裡。就《臺灣區六十年度壹百家最大民營企業》所載，味全名列該年度全臺最大民營企業第十名，亦為前十名中唯一食品業者，營業收入甚至比許多當時火紅的紡織業者要來得高（中華徵信所，1972），一直要到統一企業出現後，味全才在 1974 年左右易主食品龍頭地位，從而確立「南統一，北味全」食品兩強爭霸的局勢。

1970 年代，臺灣經濟持續發展，民眾所得與消費水準提升，對食品多樣性的需求也日益提高。味全在這段時間不僅在主力商品上擴增產能，亦推出醬油露（1971）、珍珠花瓜（1972）、利樂包乳製品（1978）、素味罐頭（1979）、新鮮果汁（1979）等新商品應市，提供消費者更為多樣的選擇。

1972年，味全更遠赴海外，於美國成立「美國味全公司」，負責美洲、歐洲與澳洲等地生產管理，即便在臺灣味全易主頂新的今日仍保有其獨立企業地位，也是黃烈火家族所創的味全食品公司最後的堡壘，經營管理仍由黃家負責。

圖 3-5　促銷中的林鳳營鮮乳（陳家弘拍攝）

乳品方面，味全在臺南縣六甲鄉設立了林鳳營牧場，所生產的乳品則冠以「林鳳營」之名，至今仍在臺灣乳品市場上具有一定占有率。

味全產品多樣化以後，所需的運輸費用與營運成本亦隨之提升。故味全於1974年成立聯全通運股份有限公司，負責配送味全產品到下游經銷通路。1977年更成立欣全實業股份有限公司，專司洋菇、蘆筍之外銷，以及奶粉、罐頭製造（王振寰、溫肇東，2011：119）。

除了在本業與周邊網絡多角化外，味全也投入體育娛樂事業。1980年透過與中國文化大學的建教合作，成立味全成棒隊，後經改組成為味全棒球隊。1990年中華職棒元年，味全作為創始四隊元老之一，以「味全龍」之名加入中華職棒，在其1999年解散之前共拿下四座年度總冠軍，不僅見證臺灣棒球風氣的興起，更帶給臺灣民眾一次又一次的激情。

（五）未竟之業，戰通路難敵統一

身為臺灣重要食品業者，味全必須時時掌握市場脈動與民眾習慣的變化，通路型態的改變自然也為其看在眼裡。早從1970年代起，味全便嗅到過去由大盤、中盤至零售商的通路型態已開始瓦解，取而代之的是便利商店、超級市場、量販店等新通路的出現（黃烈火口述、賴金波紀錄整理，2006）。味全看好這些未來零售據點的重要性，便於1982年與中國青年商店股份有限公司簽約，並與日商全日食公司技術提攜，出資成立第一家純青加盟店，以銷售生鮮食品蔬果為其特色。由於此時臺灣進入「通路革命」時期，物流中心逐漸取代傳統批發商功能，味全也在1983年成立林口配送中心，次年則成立康裕實業負責百貨批發與零售業（王振寰、溫肇東，2011）。

1986年，黃烈火自味全退休，由長子黃克銘接任董事長，二房長子黃南圖接任總經理，味全完成世代交替。同年，味全又與日商松青株式會社合資，成立松青超市，搶攻生鮮市場版圖（松青超市於2015年為全聯所併購）。1988年又與美國ARCO合作，引進am/pm便利商店系統，在臺成立安賓超商股份有限公司（1995年終止營運），亦與日本株式會社丸久合資經營丸久超市（丸久超市於2004年與松青超市合併），通路範圍橫跨超級市場與連鎖便利商店，頗有問鼎臺灣流通業龍頭之勢。

可惜的是，味全跨足流通業之初，未能專於通路經營上，加上投入初期虧損嚴重，董事長黃克銘與總經理黃南圖對公司發展規劃不同，以致董事會最終並未全力支持發展流通事業。味全與統一皆於差不多時間點（1970年代末，1980年代初）投入通路構築事業，亦同樣遭逢經營初期的嚴重虧損，但兩間企業對是否持續經營通路事業的態度，卻造成日後截然不同的發展。未全力發展通路事業使得味全無法像統一企業的7-ELEVEn一般，建立強大的通路網絡與流通系統，致使錯失掌握通路的先機。喪失通路的結果亦使得味全乳品在銷售方面，被光泉、福樂等乳品業者蠶食其市占率，衝擊味全在乳品市場上的優勢地位（王振寰、溫肇東，2011）。

（六）族內紛擾，嘆味全易主頂新

雪上加霜的是，失去通路優勢的味全不僅面臨外部業者侵食市占率，企業內部更面臨複雜的人事糾紛，使味全經營大不如前，過去光輝的「南統一，北味全」稱號已不復見。追根究柢，時任董事長的黃克銘與總經理黃南圖兩人因經營理念不合常引發衝突，前者作風保守，後者則較具衝勁（彭杏珠，1997）。1995 年，黃南圖在獲得市場派支持，以及前董事長黃烈火的協調下勸退黃克銘，接任董事長職務。但新任董事長上任後，卻始終無法得到多數董事的支持。加上前董事長人馬的杯葛，以及市場派勢力坐大等影響，使得味全在黃南圖任內企業績效始終不佳，外界亦對黃南圖的能力提出質疑（彭杏珠，1997）。味全內部紛爭越演越烈，最終致使黃烈火於 1996 年重出江湖，回任味全政策最高領導人，以維持企業穩定發展。為力挽頹勢，味全另闢戰場，決心進軍中國市場，先後於福州、北京、桂林、上海、武漢、黑龍江等地投資設廠，生產奶粉、味精與速食麵等食品，同時也成立味全國際股份有限公司，專責中國子公司的投資事務（王振寰、溫肇東，2011）。

味全的經營權之爭不僅為其埋下衰落的種子，結合外援爭奪經營權的做法更使得市場派人士逐步增加手中味全持股，成為對味全談判的有力籌碼。1998 年，以「康師傅」方便麵熱銷中國的頂新國際集團，透過從市場派人士手中收購味全公司股票取得經營權，魏應行、魏應充兄弟等人正式入主味全，取代黃家在味全的地位。對黃烈火而言，痛失味全經營權一事始終讓他耿耿於懷，於回憶錄中亦對其接班安排不夠周詳始終抱持遺憾（黃烈火口述、賴金波紀錄整理，2006）。黃烈火已於 2010 年 3 月以 98 歲高齡仙逝，留下由他一手創立，卻無緣保有的味全公司。曾是臺灣食品業第一把交椅的味全，也在易主頂新集團後，開啟其歷史新的一頁。

（七）食安風暴，群抵制慘遭「滅頂」

味全在易手頂新後，先是將集團總部、研究所與關係企業移往汐止的東方科學園區。三重舊廠區土地則隨著周邊土地開發與捷運線開通，價值水漲船高，成為頂新集團手上待價而沽的金雞母。

在頂新規劃下，味全開始為集團旗下其他企業代工生產，如康師傅方便麵與慈濟功德會的「香積麵」等皆交由味全代工製造。味全原先即具有優勢的乳品，在此時仍具有相當程度的市場競爭力，果汁、飲料則藉由頂新在中國的行銷優勢暢銷大陸，成為熱銷兩岸的主力產品，確立味全成為頂新集團對臺經營的重要核心地位（表3-2、3-3）。

表3-2　味全公司2015年主要產品市占率及營業比重表

品類別	主要產品	市場占有率（%）	占食品營業比重（%）
乳品類	鮮乳類	23.3%	57.1%
	優酪乳類	12.3%	
	發酵乳類	10.3%	
飲料類	冷藏咖啡類	36.6%	15.9%
	常溫咖啡類	4.8%	
	果汁類	-	
	茶類	-	
	包裝水類	-	
方便食品類	調味料類（味精）	23%	13.8%
	醬品類（醬油）	-	
	罐頭類	-	
	休閒食品類	-	
冷藏點心類	冷藏點心	-	2.9%
沙拉類	沙拉	-	2.7%
生技食品類	奶粉與穀類	95.5%	1.9%
	保健食品類	-	
其他食品類	蛋類	-	5.7%
	常溫點心類	-	

資料來源：味全食品工業股份有限公司104年度年報，作者整理

表 3-3　2015 年味全公司中國大陸地區食品市占率

主要銷售地區	乳酸菌市場占有率（%）	純果汁市場占有率（%）
華東（滬、蘇、浙、皖、贛）	27.9%	51.5%
華北（京、津、冀、魯、晉、東三省）	8.3%	13.4%
華南（粵、閩）	1.8%	31.4%
華南（渝、鄂）	2.8%	13.6%

資料來源：味全食品工業股份有限公司 104 年度年報，作者整理

2010 年以後，臺灣重大食安事件層出不窮，許多國內知名廠商紛紛中箭落馬，少有業者能自風暴中全身而退。2013 年，大統長基爆發黑心油事件，而味全委由頂新代工生產的食用油，則爆出混摻大統長基含有銅葉綠素的橄欖油、葡萄籽油，被衛生單位要求全面下架，因此而下架的品項高達 21 項（蘋果日報，2013）。更雪上加霜的，2014 年 9 月，警方破獲地下油廠回收廚餘等廢棄物製造餿水油出售，味全生產的肉醬等食品亦受此波及而下架。同年 10 月，檢調查獲鑫好企業以飼料用油混充食用豬油，銷與頂新旗下的正義油品，摻製成為「維力清香油」、「維力香豬油」等知名油品。持續追查後發現頂新製油實業向越南大幸福公司以食用名義進口油品，但這些油品經越南官方查驗後證實為飼料油。問題油品則經行銷流入市面製成其他食品，又開啟一波問題食品下架風暴。身兼味全、頂新製油、正義油品等數家廠商董事長的魏應充更因食用油造假問題，被以詐欺、違反食安法等罪名起訴。

短短兩年內爆發的數起食安風暴，頂新集團不僅無一倖免更身陷其中，成為民眾滿腔怒火延燒的目標。2014 年 10 月，臺灣各地消費者發起抵制頂新集團的「滅頂」行動，拒絕購買頂新集團與轉投資企業所生產的各項商品。這把抵制之火隨著時間漫野燎原，許多學校與市場通路亦加入抵制頂新的行列，紛紛將頂新旗下商品下架退貨，形成滿滿的貨架上獨缺頂新商品的景象。

味全作為頂新集團旗下一份子，自然也受到「滅頂」行動的衝擊。從味全 103 年度年報來看，2014 年味全合併營收較前一年衰退 9.4%，歸屬母公司業主稅後淨損後，衰退更高達 128%，事業主體

圖 3-6　因抵制而下架待退的頂新、味全商品（陳家弘拍攝）

的食品業整體營收亦衰退58%，足見消費者抵制行動已對味全的業績與商譽造成重大衝擊（味全食品工業股份有限公司，2014）。

為對「滅頂」行動造成的損害設下停損，味全全面停止食用油與速食麵的生產製造，董事長魏應充亦於2014年請辭董事長與董事職務，頂新魏家退出味全經營核心。董事會方面亦大幅改組，改派四位新任董事與一位監察代表人，先是選出李鳳翺先生出任董事長，其後由王錫河先生接任，2016年又由陳永清先生接任，展開「新味全」經營團隊的改革。

味全一方面藉由旗下乳品不計成本地促銷，另一方面透過廣告行銷動之以情，希望喚回消費者對味全美好的回憶，重拾對味全食品的信心。食安方面也透過重新整頓供應鏈、盤點與篩選供應商，以及建構完整追溯系統等多管齊下，藉由對各個節點的嚴格掌控為消費者嚴格把關。

2015年11月，彰化地院判決味全前董事長魏應充等人與頂新製油一審無罪，原本因味全一連串拯救形象行動而略有減緩的「滅頂」行動與民眾的怒火，也隨著無罪宣判而重燃，自發性的抵制行動亦較過去來得更為激烈。12月，網路上有民眾自發性地在好市多（Costco）購買味全林鳳營乳品，結帳後立即退貨。由於依賣場退貨規定，民眾退貨之生鮮食品將直接銷毀，不會重返貨架（中央通訊社，2015）。因退貨而衍生之相關費用，則由製造商味全所吸收。此一抵制手法在網路串連後引起廣大迴響，民眾紛紛於全臺各地好市多門市購買味全乳品後退貨，抵制行動亦自好市多開始向外擴散，蔓延至國內其他賣場。儘管社會各界對此抵制手法的正當性與合法性看法不一，但連續的抵制行動讓味全原已低迷的業績更是雪上加霜。

圖 3-7 2015 捍衛食安大遊行（陳家弘拍攝）

民眾對頂新集團的抵制也擴散到街頭運動。12 月 12 日，由民眾自行於網路串連、拒絕政治力量與財團介入的「1212 捍衛食安大遊行」於凱達格蘭大道上展開，要求政府應嚴修食安法，並將頂新視為臺灣食品安全問題的亂源，高舉「頂新不倒，食安亂搞」、「抵制頂新、拒買味全」等旗幟，宣洩因接連不斷的食安問題而燃起的熾熱怒火。接連不斷的抵制活動反映在味全持續虧損的營收上，不僅使味全於 2015 年底將松青超市出售給全聯實業，2016 年更出清旗下日商 UCC 咖啡的股權。頂新集團也因抵制行動與在臺速食麵事業萎縮，於 2017 年元月解散臺灣康師傅食品公司。

頂新與味全間的持股關係，在「滅頂」行動中成為味全食品的緊箍咒。即便味全高層呼籲民眾理性看待，概括承受群眾「滅頂」的怒氣，但民眾對頂新與味全的信任已跌至谷底。日後味全能否重建消費者們的信心，讓「頂新的味全」如那首耳熟能詳的廣告歌曲一樣，成為「大家的味全」？你我都拭目以待。

（八）思古鑑今，「新味全」任重道遠

常言道：「民以食為天」，食品業是滿足民生基本需求中最為重要的一環，名列「食衣住行」之首，更與紡織業並列臺灣戰後最先

投入之工業，對臺灣經濟復甦與發展貢獻卓越。黃烈火早年往來中日臺三地，汲取各地豐富的商貿經驗與人脈，於戰後臺灣經濟復興之際，以「工業救國」之心草創味全，提供農村就業機會，並以高品質食品強健臺灣民眾體質。味全以生產味精起家，為降低成本、提高品質而投入研發生產，並逐步擴大其產品，橫跨味精、醬油、乳品、罐頭等多角化經營，滿足消費者不同的需求，在臺灣經濟發展初期穩居食品業龍頭地位，陪伴老一輩民眾一同成長。

作為臺灣第一家股票上市食品公司，味全走過「南統一、北味全」的光輝歲月，也隨著時代的腳步朝通路行銷發展邁進。但隨著挑戰通路鎩羽而歸，就此拉開與競爭者統一企業的差距，使過去兩強並立的風光不再，味全食品業龍頭稱號更易主統一。而黃家族內的紛擾導致味全股份旁落他人，最終致使頂新集團入主，黃烈火家族就此失去其一手創立的味全食品。即便如此，味全仍以其在臺灣建立已久的品牌與好口碑，成為頂新在兩岸發展的核心事業，持續陪伴臺灣民眾成長。

隨著食安問題層出不窮，頂新集團因身處數次食安風暴核心，成為臺灣民眾抵制行動的眾矢之的。味全也因與頂新的關係，在這波「滅頂」行動中飽受衝擊，不僅營收損失慘重，過去數十年累積的商譽也隨著民眾的抵制而毀於一旦。

今日的味全雖在魏家退出營運核心後成立的「新味全」團隊領導下，以訴諸共同美好回憶情感、強化食品安全與大力促銷等方式，力圖重建消費者對味全的信心，挽回嚴重受損的商譽。但在頂新仍持有味全40% 股份、消費者仍難以將頂新與味全關係脫鉤，以及對食安體系不信任的情況下，味全要找回民眾信任，成為「大家的味全」這段路，似乎還有很長的距離要走。

參考文獻

統一企業

王樵一，2007，《撐起食品一片天：高清愿的統一企業》。臺北：新苗文化事業。

尤子彥，2012，〈統一集團羅智先全面接班〉。《商業週刊》，第1284期，取自商業周刊知識庫，取用時間：2015年11月5日。

民生報，1987，〈七十二萬餘鋁箔包全數銷毀 統一公司盼重燃消費人信心〉。《民生報》，04版，10月25日。

林祝菁，2015，〈統一高價麵 大陸一炮而紅〉。取自中時電子報：http://www.chinatimes.com/newspapers/20151019000037-260202，取用時間：2015年10月29日。

財團法人統一企業社會福利慈善事業基金會，2012，《財團法人統一企業社會福利慈善事業基金會服務成果紀錄100年1至12月》。臺南：財團法人統一企業社會福利慈善事業基金會。

統一企業，2011，〈統一寶健運動飲料／蘆筍汁退貨說明〉。取自統一企業網站：http://www.uni-president.com.tw/02news/news_detail.asp?id=000054，取用時間：2015年11月4日。

統一企業，2011，〈寶健運動飲料回收聲明與問答〉。取自統一企業網站：http://www.uni-president.com.tw/02news/news_detail.asp?id=000048，取用時間：2015年11月4日。

統一企業股份有限公司，2016，《統一企業股份有限公司104年度年報》。臺南：統一企業股份有限公司。

莊素玉，1999，《無私的開創：高清愿傳》。臺北：天下遠見出版。

葉仲伯，1966，〈臺灣之麵粉工業〉。頁27-38，收入於臺灣銀行經濟研究室，《臺灣之食品工業（第1冊）》。臺北：臺灣銀行。

經濟日報，2014，〈統一重食安10億建檢驗大樓〉。《經濟日報》，A2版，1月3日。

謝明玲，2013a，〈統一接班人的食安挑戰〉。《天下雜誌》，第524期，頁84-88。

謝明玲，2013b，〈統一企業 品牌管理，養出金牛〉。《天下雜誌》，第524期，頁164-168。

聯合報，1987，〈產品遭下毒 處置太遲緩？ 統一鋁箔包飲料全面收回〉。

《聯合報》，05 版，10 月 14 日。

鍾淑玲，2005，《製販統合型企業の誕生：臺湾統一企業グループの経営史》。東京：白桃書房。

味全公司

中央通訊社，2015，〈到好市多買林鳳營秒退貨 滅頂做法掀論戰〉。取自中央通訊社網站：http://www.cna.com.tw/news/firstnews/201512090138-1.aspx，取用時間：2015 年 12 月 14 日。

中華徵信所，1972，《臺灣區六十年度壹百家最大民營企業》。臺北：中華徵信所。

王振寰、溫肇東，2011，〈味道的記憶：食品業〉。收入於《百年企業．產業百年》，頁 117-121。臺北：巨流圖書公司。

味全食品工業股份有限公司，2015，《味全食品工業股份有限公司 103 年度年報》。臺北：味全食品工業股份有限公司。

味全食品工業股份有限公司，2016，《味全食品工業股份有限公司 104 年度年報》。臺北：味全食品工業股份有限公司。

彭杏珠，1997，〈味全黃烈火為何重出江湖？〉。《商業周刊》，第 511 期，取自商業周刊知識庫，取用時間：2015 年 12 月 9 日。

黃烈火口述、賴金波紀錄整理，2006，《學習與成長：和泰味全企業集團創辦人黃烈火的奮鬥史》。桃園：財團法人黃烈火福利基金會。

蘋果日報，2013，〈味全 21 油品下架 高談良心 早知偷摻大統油〉。取自蘋果日報網站：http://www.appledaily.com.tw/appledaily/article/headline/20131104/35413432，取用時間：2015 年 12 月 8 日。

利基冠軍：南僑、海霸王與桂冠

別蓮蒂、張家揚

INTRODUCTION

食品製造業的複雜度其實遠超過其他產業與一般人的想像。以一個簡單的國民食品豆沙麵包為例，原物料中有麵粉、油脂、糖、鹽、酵母、紅豆、芝麻……等，每一項原料都有不同的栽種者與生產者，每一項半成品，如：豆沙、冷凍麵糰，都有不同的生產供應鏈、中間產物製造者、產銷支援者，很難有一家食品業者可以從原物料、到各式各樣的中間產物、到成品，上下游全包生產。全製程中經過的廠商非常多，且有很多小型專門業者參與其中，例如：專門製作各類豆沙、豆泥的業者，因為專業分工才能達到領域內的經濟規模，也才能發揮綜效。

除以上描述的產業價值鏈特別長，食品業的另一個特點是種類繁多，因為人類歷史中能發展出的可食物品極為多樣，數量與種類皆遠非家電、3C 等產品可與之相比。本章旨在前述各章一般食品產業的主軸與超大型企業之外，介紹一些屬於特定領域或支援體系的利基市場（niche market）中的冠軍業者，以及其在整個食品產業中所扮演的角色。

本文「利基冠軍」的概念是源於這些企業雖然有名，但比較少被一般消費者關注，也是因為消費者在想到食品大廠時，通常不會想到的這些在特定利基領域的強者。本章根據此標準特別選出位屬於上游的油脂超級供應商南僑、冷凍海產加工製品中一枝獨秀的海霸王、以及點心及周邊食品風潮的創造者桂冠，一一介紹。

一、烘焙業背後的推手：南僑

南僑集團自化工起家，一般消費者最熟悉的南僑產品應該是南僑水晶肥皂。南僑水晶肥皂的確是歷久不衰，從1963年至今，每年持續低調地賣出2,600萬塊水晶肥皂。不過，南僑集團現在真正的主力產品，其實是油脂，提供食品製造廠商、餐飲業、烘焙業使用的各種油脂及相關產品，也讓南僑成為臺灣遍地開花的烘焙業者與小麵包店背後最強而有力的後盾。

(一) 創業期：化工起家

南僑化工（簡稱南僑）的起源是當年旅菲華僑陳榮恭（號其志）先生響應華僑回國投資，接辦當時由印尼華僑經營困難撤資的南僑化工，於1952年改組成立南僑化學工業股份有限公司。陳其志來臺時正值光復初期，民生物質相當缺乏，諸如肥皂、香皂等清潔日用品需求甚大，民生必需品市場幾乎是由賣方所主導，只要製造得出來就能夠銷售掉，因此陳其志選擇以肥皂作為南僑化工起家之始。

南僑創業初期的確享受過一段輕鬆的光輝歲月，但至1963年時，肥皂市場已經產生供過於求的現象，加上洗衣粉的推出，消費者除了肥皂之外，還有許多不同的選擇，市場情勢已經由賣方轉為買方市場，獲利有限，有時甚至得賠本求售。南僑面臨一個攸關未來存亡的關鍵時刻。

陳其志面對這難題，決定由當時不到30歲的兒子陳飛龍（現任南僑集團會長）主導，斥資引進當時全世界最先進的義大利馬紹尼（Mazzoni）製皂機器；在當時，這臺機器比同業從日本所訂製仿馬紹尼製皂設備的價格要貴上三倍。南僑化工藉由引進新型機器，一舉提升當時的肥皂製作水準，推出呈現半透明褐色糖年糕光澤般的肥皂，因此命名為「南僑水晶肥皂」（圖4-1）。水晶肥皂一推出，便在市場上刮起一陣旋風，取得市場領先地位。

陳飛龍自幼觀察菲律賓、印尼等東南亞市場，發現民生用品的

圖 4-1 南僑水晶肥皂平面廣告（南僑提供）

國際大廠如寶鹼（P&G）、聯合利華（Unilever）均採多品牌策略，每一個品牌有非常清楚的定位與形象。因此南僑也採多品牌策略，推出「快樂香皂」（1968 年，每塊 7 元）、「親親香皂」（1970 年，每塊5 元），之後再以品牌延伸的方式推出「快樂純白香皂」，又與國聯合作生產白蘭香皂，1982 年還得到美國旦士寶旁氏公司（Chesebrough-Pond's Ltd.）授權生產銷售「旁氏香皂」（每塊20 元）；此外也延伸推出洋洋洗髮精等。除了水晶肥皂之外，這些個人清潔用品品牌都沒有特別打出「南僑」這個企業品牌。

考察過歐美市場的陳飛龍，把在美國盛行的肥皂劇（soap opera）行銷手法引進臺灣，由南僑全力支持一個（戲劇）節目，並強打廣告，還在1977 年成立南聲傳播股份有限公司。南僑成為早期臺灣三家電視臺的重要廣告主。

南僑化工的個人清潔照顧產品，在1980 年代曾大幅擴大產品線。南僑選擇與國外大廠合作合資策略聯盟，如：1980 年與日本嬌盟公司技術合作成立「臺灣嬌盟股份有限公司」，至1985 年結束合作關係、1982 年與美國旦士寶旁氏公司合資成立「臺灣旁氏公司」，至1987 年轉售給國聯公司、1984 年與美國寶鹼公司合資成立「寶僑家品股份有限公司」，至1990 年終止合作契約等，陸續代理並代工生產許多國外知名產品與品牌（例如：蘇菲、旁氏冷霜、好自在衛生棉、海倫仙度絲、飛柔等）。這些合資的合作事業在完成其階段任務後，現均已停止合作關係。自90年代臺灣市場開放後，民生用品國際大廠大舉進軍臺灣，南僑旗下的個人清潔用品已逐步退出市場，僅剩南僑水晶肥皂這個主力品牌，在手洗皂的市場占有率維持75%，並以天然成份與環保特點在食器洗滌液體與衣物清潔等產品線保有一席之地。

（二）第一波多角化：發展油脂產品

油脂是製作肥皂的重要原物料。南僑化工隨著其製皂事業的成長，累積了深厚的油脂知識。因為食用油脂與工業用油的原料都是來自黃豆油、菜籽油、豬油、鯨魚油、牛油等。陳飛龍經過多方考量，決定向供應鏈上端發展自行煉油，並生產食品與工業用的油脂。這是南僑多角化經營的開始，也成就南僑繼洗劑後的第二項基盤事業。

1960年代，臺灣只有六、七家油脂業者，生產一般的食用油。為了取得生產技術與產品品質的優勢，南僑在1970年與日本四大油脂集團之一的三好（Miyoshi）合作，取得南僑所欠缺的生產技術，並購買當時最先進的生產設備，在桃園建廠開始生產食用油脂。

工業用油脂（包含食用及非食用）的製程是將各種的天然原料油，包括菜籽油、豬油、牛油等經裂解製出甘油、硬脂酸、蒸餾脂肪酸、精製油、硬化油及工業純皂等。裂解出的脂肪酸可以賣給塑膠業者，作為塑膠業在輾壓及壓縮材料時潤滑用的安定劑；裂解中間所得到的甘油，可用於製造醫藥、炸藥、牙膏、油漆、化妝品等產品；裂解出來的油脂，南僑可以做肥皂跟香皂。食用油脂則是經前述步驟榨取出毛油後，再經過五脫，成為可供食用的精緻油，還可以更進一步加工製成乳瑪琳（margarine）或烤酥油（shortening）等烘焙食用油。

此時，陳飛龍為新的食用油脂產品做了一個決定：不進入民生消費用油的市場（即賣給消費者，Business to Consumer，以下簡稱

B2C），而以食品製造業、餐飲業、烘焙業為銷售對象（Business to Business，以下簡稱 B2B）。陳飛龍先生在受訪時回憶當時的考量因素：

> 雖然那時臺灣民眾買的沙拉油都是本土品牌，不過那是因為有政府管制的保護。從菲律賓、印尼、泰國與馬來西亞等地的民生用品市場，幾乎都被國際大廠如 P&G、Unilever 等橫掃的經驗就可知道，一旦臺灣市場開放，國際大廠一定會進入民生家用油品市場，他們財力雄厚，可以用大量的廣告建立品牌形象，本土品牌就很難與之競爭。但若是 B2B 的生意，除了餅乾、速食麵等食品廠大客戶之外，還得面對大大小小的速食店、餐廳、麵包店，每家客戶所需的油品種類和偏好各有不同，這得從能深入本土市場的業務團隊做起，一家一家跑客戶，哪個國際企業要做這個辛苦工作？這才是南僑可以勝過外商大企業之處。

1971 年，南僑在桃園建立第一座油脂工廠，並開始佈建全臺綿密的業務團隊。首波重點就是街頭巷尾的烘焙業者，因為油脂品質對於糕點麵包的口感影響甚鉅。南僑採用「顧問式行銷」的做法，業務團隊不僅賣油給客戶，還要協助、教導麵包店師傅製作新口味的麵包，為小麵包店研發新產品。南僑並設立烘焙研究中心（圖4-2），邀請麵包店師傅參訪、試用南僑油脂，並學習製作新款麵包。

南僑的食用油脂產品包括烘焙業用的精製油、人造奶油、烤酥油、精製氫化椰子油、食品油炸用油、以及巧克力、餅乾和冰淇淋用油等。南僑可以針對不同客戶需求、不同烘焙產品調整油品的融點、軟硬度、鹹甜口味，製造技術遠高過生產一般家用油品的標準，累積至今共可提供150 多種不同配方的用油，客戶包括臺灣一萬多家的大小烘焙業者與餐廳，除了封閉體系（如：統一集團的統一麵包、統一速食麵）之外，南僑的市占率穩坐第一。目前南僑油

圖 4-2 南僑烘焙研究中心（南僑提供）

脂單就桃園廠一年的產量，約能生產兩萬噸的食用油脂。

陳飛龍稱呼南僑所銷售的油脂產品是一種「隱形油脂」（invisible oil），因為一般消費者其實不知吃到了南僑油脂，只知道自己在吃餅乾、麵包、蛋糕。

首戰油脂市場即大獲成功的陳飛龍，在1974年父親過世後正式接下父業，擔任南僑 CEO ；1981年南僑關係企業會成立，由陳飛龍擔任會長。

（三）第二波多角化：發展包裝食品

南僑於1980年代持續多角化發展食品項目，陸續推出歐斯麥餅乾、杜老爺冰淇淋、小廚師速食麵等包裝食品。這三支食品均用到南僑自己生產的油脂，可說是南僑在食品產業垂直整合的成果，也各有其故事。

南僑油脂的強項之一就是餅乾製造用油，當時主要的餅乾廠，如可口奶滋、臺富、掬水軒、喜年來等，都是使用南僑的烘焙油脂。早在1979年，南僑便曾與新加坡南順集團合資成立「南新食品公司」，推出高品質餅乾。當時本土品牌多生產單片餅乾，進口餅乾則是以夾心餅乾為主流，雖然價格較高，但頗受消費者歡迎。至1981年時機成熟，陳飛龍決定推出自己生產的夾心餅乾，在徵得南僑客戶餅乾業者同意後，買進英國 Simon Vicans 的餅乾製造主機、美國 Perters 的自動夾心機，以及瑞士 SIG 鋁箔自動包裝機，用鋁箔紙作為餅乾的包裝材料，以防止餅乾受潮並增加美觀，在南僑新落成的中壢廠，生產品質可與進口品牌抗衡的歐斯麥夾心餅乾。

歐斯麥餅乾的目標對象是十幾歲的青少女，作為她們零食點心，所以風格洋化，口味多變，包括香草、巧克力、草莓、檸檬、椰子、花生夾心餡等，還有巧克力薄荷、香草燕麥等複合口味，採用色彩鮮豔的10片小包裝，讓年輕女孩可以一次吃完一包。

歐斯麥餅乾的命名也採用當時少見的公開徵名，擬定的題目是「一塊創新設計具有歐風的夾心餅乾」到各大學徵求品牌名，徵得5,000多個名字稿件，從中挑選調整後定名為「歐斯麥」，「歐」代表是歐風，「麥」意指餅乾是由麵粉所製成，「斯」的意思是「這」，全名意即「這是歐洲風的餅乾」，英文名稱「O'smile」也就應運而生。南僑還請到當時由南僑自行製作，收視率最高的電視綜藝節目「綜藝100」主持人張小燕小姐，作為歐斯麥餅乾的代言人。

南僑進一步在1986年併購以經營可口奶滋著稱的可口企業，手上共有三個餅乾品牌：歐斯麥、可口，及代理的美商Nabisco餅乾，擁有大部分的市場占有率。

在歐斯麥餅乾風光市場15年後，陳飛龍評估該是退場的時候。因為臺灣在WTO之後，市場必須更開放、自由，他參觀過國際大品牌在亞洲的餅乾廠，生產線都是幾十條，每條生產線只做一種餅乾，加上效率極高的自動化設備，以及大量採購原物料的相對低成本。當臺灣政府走向開放政策，降低對國外餅乾成品進口關稅，但另一方面，製造餅乾的原料並沒有相對降低關稅，如巧克力成品降到很低的關稅，而原料卻停留在高關稅稅率，如此更加重本土品牌製造業者的經營困難。

南僑在1996年把歐斯麥餅乾賣給原本所代理Nabisco品牌的美商納貝斯克公司，後來Nabisco總公司又在2000年被併入Kraft Foods集團。正如陳飛龍所料，「納貝斯克可口股份有限公司」雖然買下南僑所有的生產設備，但未經幾年就結束在臺灣生產餅乾的經營模式，全部改由進口餅乾成品代替在地生產，以降低生產的成本。

在南僑買下可口公司廠房時，廠內有一條冰淇淋的生產線。陳飛龍經評估比較世界各國人均冰淇淋消費量後，相信臺灣的冰淇淋市場有很大的成長空間；而且因為冰淇淋的特性，較難遠洋運送，多半是在地生產，本土廠商比較容易取得優勢，於是決定保留冰淇淋生產線，且立下決心要做到市場第一品牌。

1988 年成立的皇家可口股份有限公司，是南僑集團下的冰品製造事業群，以杜老爺（Duroyal）為第一個品牌。南僑將杜老爺定位為中高價位的冰淇淋，以高品質為訴求，強調口感優質、口味創新，因而採取比當時所有品牌都貴 50% 以上的售價。杜老爺除了透過一般便利商店、超市、量販店通路銷售（B2C）之外，還仿傚南僑油脂的經營模式，請業務團隊一家一家拜訪餐廳，請餐廳採用杜老爺冰淇淋作為餐後或是下午茶甜品，順利攻占餐飲市場（B2B），以雙軌拓展冰淇淋市場。

臺灣的冰品市場並不容易經營，杜老爺努力了七年之後終於成為市占率第一的品牌，從此持續獲利至今日，並陸續發展甜筒、雪糕、冰棒、麻糬冰等不同類別，最新的產品延伸是供應便利超商現做霜淇淋及冰沙原料。

在發展杜老爺各式冰品的同時，為將臺灣冰品高端市場再向上推展，陳飛龍於 1993 年與美國 The Häagen-Dazs Company, INC 合資成立「臺灣喜見達公司」，引進 Häagen-Dazs 頂級冰淇淋。為塑造 Häagen-Dazs 的尊貴形象，南僑開設冰淇淋旗艦店，打造專屬的冰櫃，讓 Häagen-Dazs 在零售店是單獨陳列，不與其他品牌並列，同時成為都會區的時尚冰品午茶餐飲店。

為強化 Häagen-Dazs 的尊榮形象，陳飛龍找上五星級晶華酒店的潘思亮董事長，提議晶華在柏麗廳的吃到飽自助餐提供 Häagen-Dazs 。藉由進口品牌的身分及與五星級飯店的合作，陳飛龍順利將臺灣消費者能接受的冰淇淋價位從每球 20 至 30 元提升至 75 至 90 元，讓消費者的理想冰淇淋口味變得更綿更濃，也成功塑造 Häagen-Dazs 的高檔品牌形象。

而藉由 Häagen-Dazs 進口品牌的形象將臺灣消費者的冰淇淋價位接受範圍向上推升後，皇家可口公司又順勢延伸推出較杜老爺更高價的曠世奇派、福爾摩沙、Di Trevi Gelato（義式冰淇淋）等子品牌，產品組合包括雪糕、甜筒、冰棒、冰淇淋等。這些冰品品牌都沒有顯示南僑這個企業品牌，而是以皇家可口為生產公司。

基於過去與美國聯合利華、寶鹼的合資合作最終終止合作的經驗，陳飛龍開始未雨綢繆，他深知代理只是一時，做出成績就會被總公司收回自己經營。在美國 Häagen-Dazs 易主給 General Mills 之後，2003 年南僑亦將 50% 股權賣回給 General Mills 在臺灣的子公司臺灣貝氏堡公司。在結束代理 Häagen-Dazs 之後，南僑在 2004 年另行推出卡比索（Хлеб-соль）皇家俄羅斯冰淇淋搶進高端冰品市場。現在杜老爺及卡比索冰淇淋仍維持透過一般零售通路及與餐飲市場合作的雙重通路銷售模式。發展至今，皇家可口旗下冰品多年維持全臺市占率超過 30% 的表現，穩居第一名，並貢獻集團約 7% 的營業額。

南僑在 1987 年併購美成食品公司速食麵工廠，成立「名坊企業公司」，生產小廚師杯麵，是臺灣最早推出杯麵的品牌，造成一陣轟動。雖是速食麵後進品牌，但在當時臺灣速食麵市場仍奪下約 6%~8% 的市占率。

然而，1989 年南僑在桃園平鎮的速食麵生產工廠遭到一場祝融之災，這讓南僑決定配合當時政府的南向政策，轉往泰國興建速食麵工廠，再將成品賣回臺灣。不過從泰國進口速食麵到臺灣的關稅，一直高達 25% 不降，進口不符經濟效益，所以小廚師速食麵在 1997 年退出臺灣速食麵市場，轉以供應泰國內需市場為主，並以 Little Cook 英文品牌進軍美國、澳洲等市場。目前泰國南僑年營收達 18 億元，泰國小廚師的年營收約 5 至 6 億元。「泰南僑」也是南僑集團發展東協市場的基地。

2015 年 3 月，南僑宣布將讓小廚師速食麵重返睽違近 20 年的臺灣市場，預計秋冬上市。主要是因為 2014 的油品食安事件後，康師傅速食麵退出臺灣市場，本土速食麵品牌的總銷量下降至少三至四成，而進口速食麵則有一至兩成的成長（李至和，2015）。所以小廚師在考量進口仍需負擔20% 關稅的前提下，將以高端市場的正餐為產品定位，調整口味與食材，注重包材，預計與便利超商合作開發超商內的店內即食商機，與其他進口品牌一較高下。

（四）第三波多角化：發展冷凍麵糰、急凍熟麵，烘焙油脂西進大陸

身為烘焙業上游原料供應商的南僑，察覺到小型烘焙業者所面對的人工短缺及店租飛漲等困難，經營不易；換言之，若是客戶一家一家停業，南僑的油脂銷售自然會受影響。加之因物價穩定和自由化趨勢，政府有意逐步開放對進口麵粉的管制，南僑在1991 年決定為這些零散的小型麵包糕餅烘焙業者店擔任中央廚房的角色，除了提供油脂，更引進生產冷凍麵糰的技術，投資設立冷凍麵糰工廠。

冷凍麵糰從工廠生產出來後，經超低溫的急速冷凍與包裝，由冷凍車配送至店面，使用冷凍麵糰的麵包業者只需在店面做最後烤焙前的發酵、整型、烘烤即可，省卻揉麵、醒麵等繁複程序所需的時間和人力。冷凍麵糰從發酵到出爐所需要的程序與時間只需要15 至165 分鐘即可完成，若是採傳統自製麵糰、經發酵到烘焙則需要約385 分鐘。由於麵包的市場零售價格已經夠高，麵包店直接採用冷凍麵糰也還有足夠的毛利。再者冷凍麵糰具有易於保存管理的優勢，烘焙業者可以視銷售狀況調整庫存，也省去投資製作麵糰的設備與空間，可使麵包店的空間做更多元化的利用，例如規劃提供簡餐、咖啡飲料等之複合式經營，增加傳統麵包店的營業收入。自從南僑導入冷凍麵糰後，不僅引導國內烘焙麵包業走向半自動化經營，更提高烘焙業者經營效率，增加店面利用率，有效降低開店的營運成本。

為保持與烘焙業客戶的良好關係，南僑除了在推廣初期開設過五家示範麵包店，目的是教導麵包店老闆和烘焙師傅如何有效使用冷凍麵糰，並共同研發各式新口味麵包的冷凍麵糰，示範麵包店在

階段性任務完成後就轉交給員工接手經營。南僑在臺灣並沒有開設自有品牌的麵包店，不過在大陸上海則有一家於2004年開設的貝可利咖啡麵包店（The Deli & Bakery）則仍持續其單店示範功能，使用來自臺灣南僑的冷凍麵糰，並在店內供應西點與麵點等簡餐。

南僑集團接著從冷凍麵糰再延伸至急凍熟麵事業。1998年，南僑和日本Katokichi公司（加藤吉株式會社）簽訂急凍熟麵技術合作關係。之後，南僑集團斥資三億在中壢廠引進最先進高科技的急凍熟麵製麵設備，採用澳洲進口黃金小麥粉，推出讚岐（SANUKI）急凍熟麵。南僑是首家在臺灣生產急凍熟麵的業者，透過現代食品高科技，模擬手工製麵工法，將麵煮到最適狀態再以-35°C急凍保鮮，使用時不需解凍，將麵體放入滾水中，可在一分鐘內煮至麵體散開後即可。南僑只販售麵體，烹飪者自行加入配料或湯頭，烹調成為符合個人口味喜好的料理餐食，更增添食品的自由度與個性化。

南僑的讚岐急凍熟麵系列產品包括烏龍麵、拉麵、蕎麥麵、義大利麵、中式麵等等，主要是銷售給全省的餐飲業者（B2B），提供風景區餐飲、簡餐店、主題餐廳等店家，可快速供餐的高品質食材，目前在臺灣餐飲業者的客戶約有12,000多家。南僑本身也開設了「本場流專業麵店」作為示範店，教導餐廳廚師如何使用急凍熟麵替代乾麵條或現做麵條，烹煮出一碗有自家餐廳特色的麵食料理。

南僑在臺灣發展冷凍麵糰的這段期間，同步進入大陸市場發展。1996年，南僑決定以其在臺灣油脂本業上的經驗，與多年經營大陸以生產「康師傅」速食麵聞名的頂新集團，共同投資2,500萬美元成立「天津頂好油脂有限公司」，雙方各持股50%，但頂新集團尊重油脂是南僑的專業，所以全權委由南僑集團經營。由陳飛龍的次子陳正文領軍，帶領六位年約30歲出頭的臺幹，組成精銳部隊，在1996年赴大陸打天下。配合頂新生產方便麵的需求，並取港口進口毛油之便，雙方選擇在天津塘沽經濟開發區設廠，以生產烘焙油脂及油炸油脂為主。

1997年7月，天津廠開始試產，同年8月份正式生產。南僑初期每月出貨量的20-30%是供應給頂新集團生產食品。後來頂新將股份售出給南僑，天津南僑現在100%為南僑集團所擁有。

圖 4-3 南僑廣州廠（南僑提供）

南僑天津廠在2004年增設至第三條生產線，但還是快速達到滿載，同年決定在廣州經濟技術開發區建第二生產基地，2005年投資1,800萬美元開始建廣州廠（圖4-3），2007年正式投產。至2015年，廣州廠也已增至三條生產線。大陸南僑油脂的總產能達到每月1.5萬噸。

大陸南僑油脂移轉臺灣南僑的油脂經營模式：顧問式行銷，再加以在地化調整，加上「Concierge」及「Butler」的服務，輔導烘焙師傅開設麵包店，銷售油脂產品。中國南僑油脂有食品廠、連鎖速食餐廳等大客戶，也有小烘焙坊，目前在全中國有超過五萬個客戶，營業範圍幾乎遍佈全中國，各省均有銷售點，且南僑在大部分的省份都是市占率第一，在上海等重點地區，烘焙客戶占有率已接近100%。

至2011年，天津南僑設置了第一條冷凍麵糰生產線，提供給麵包店客戶更方便的選擇。2014年，廣州南僑獲得廣東省「高新技術企業」證書，足證南僑油脂的研發能力與科技創新，早已非一般食品業是傳統產業的印象，躍升為高技術含量的科技產業。2015年，南僑在上海投資新臺幣21億元蓋大陸的第三座工廠，規劃第一期將生產烘焙油脂、鮮奶油、冷凍麵糰、急凍熟麵、冰淇淋等，預計2016年底落成投產，是一個綠能建築高科技化的現代廠房。

綜觀南僑的油脂與冷凍麵糰事業，在兩岸扛起支援烘焙業者的角色，成為烘焙業者最堅強的研發與生產後盾。透過南僑專業的研發技術與對國際市場趨勢的掌握，協助小小一家麵包店只需聘請少許員工便可供應40至80種麵包，提供消費者多樣化的選擇，並帶動提升整體烘焙業者的水平。

（五）第四波多角化：發展餐飲服務業

最近20年南僑集團也在兩岸經營多家高級餐廳。南僑進軍餐飲業，其實最早的經驗是自代理美國 Häagen-Dazs 開始。為打造其獨特形象，南僑在臺北敦化南路、天母開了兩家高價路線的冰淇淋旗艦店，首度經營餐廳。雖然這兩家冰淇淋店後來隨著終止代理而停止營運，陳飛龍一直沒有忘記餐飲事業。

南僑重新正式進入餐飲業始於1996年，南僑與百年德國啤酒品牌：寶萊納（Paulaner）簽約，1997年正式進軍上海餐飲市場。南僑投資經營餐飲服務業並非只為油脂或食品事業垂直整合，主要還是因為陳飛龍個人對於美食的喜好和掌握度，讓他決心自己經營。最特別的是，南僑當初在設計第一家上海寶萊納啤酒餐廳汾陽店時，完全是以工廠製造流程的概念來設計店內的廚房和啤酒釀造區，可說是重金打造最佳製程的做法。南僑集團旗下現在兩岸餐飲事業包括寶萊納啤酒餐廳（上海三家、臺灣三家）、點水樓（臺灣六家分店、上海一家）、潮江燕（臺北）、仙炙軒（上海）、濱江一號（上海）、本場流（桃園）等。餐飲事業營收至2013年約新臺幣18億元，年增約一成，現約占南僑集團總營業額的12%。在陳飛龍2015年的計畫中，南僑在日本新宿購地蓋大樓，一至三樓為經營點水樓餐廳，四樓以上則是商務旅館，專做高端的華人旅客生意。這是南僑多角化經營首次跨入商旅業。

酷好美食且對影視文創一直無法忘情的陳飛龍還曾投資拍電影《總舖師》，將臺灣傳統辦桌文化搬上大銀幕。這次投資的成功，讓董事會同意繼續投資電影《青田街一號》，這算是南僑多角化的小插曲。

（六）食安風暴下的南僑

自2013至2014的連續油品食安風暴（詳參第二章），南僑身為油脂與食品大廠，也曾在兩波的風暴中出狀況，所幸最後均安然渡過。

2013年大統長基公司的假橄欖油事件，讓政府開始清查各項食品中是否有使用銅葉綠素。11月9日南僑總經理李勘文召開記者會，說明南僑的讚岐大膳抹茶蕎麥麵公司誤用銅葉綠素鈉，現已更換原料，重新上架；子公司皇家可口公司旗下三款冰淇淋，抹茶冰淇淋、福爾摩沙山葵冰淇淋及義式哈密瓜冰淇淋，使用銅葉綠素鈉作為著色劑，雖然乳製品使用銅葉綠素鈉是合法添加物，但因社會對之有疑慮，均停止生產，更換原料（張均懋，2013）。至2014年6月，桃園地檢署經諮詢衛生福利部後，認為南僑將銅葉綠素鈉用於麵食，雖然逾越「正面表列」的使用範圍，並非將不得添加的成分用於食品，並不構成刑責，僅有行政處罰標示不明（余瑞仁，2014）。

此事件看似輕放，但實則是因為人工色素銅葉綠素與銅葉綠素鈉是一種食品著色劑，從綠色植物或蔬菜或乾燥的蠶糞便提煉出天然葉綠素，然後再經過化學反應，將葉綠素的鎂以銅取代，可分為銅葉綠素與銅葉綠素鈉，皆為臺灣合法的食品添加物，但僅限定限量添加於不需加熱的產品中，例如口香糖與泡泡糖等，但因葉綠素或銅葉綠素鈉在烹調的過程中會解離出其中的銅離子，所以需要加熱的食用油品與麵條中是不能添加銅葉綠素的。

至於2014年的油品食安風暴，始於強冠香豬油，政府決定清查所有油脂廠商的進口原物料。10月13日桃園縣衛生局查出南僑化學桃園廠從2012年開始從澳洲進口12批牛油，其中有5批以工業用途進口通關，因此食藥署要求南僑若在15日無法提出官方證明可食用的文件，所生產的123項產品必須預防性下架（TVBS，2014）。面對這次風暴，陳飛龍在第一時間親上火線說明這只是標示問題：「做食品用油跟工業用油關稅是一樣的，所以沒有動機說我要去省關稅。」他並指示部屬立刻與澳洲方面聯絡，澳洲辦事處17日發表官方聲明，指「For Industry Use」並非「工業使用」，應譯為「供產業使用」，不僅可供人食用，也可供食品業或其他產業使用。聲明中還特別強調，「Industry Use」（供產業使用）和「Industrial Use」（工業用）意義是不同的（ETtoday，2014）。臺北市衛生局原宣布會以南僑違反「食品安全衛生管理法」第30條為由，擬開罰3,000萬元，最後修正罰緩改為750萬元，南僑仍對部分罰緩申請上訴中，但也釋出善意表示放棄申請國賠商譽損失。

兩次事件南僑均快速正面回應，並主動召開記者會詳細說明事件經過與南僑的因應做法，當下雖造成股價的一日震盪，但南僑的產品並沒有因此而滯銷，客戶也沒有不滿退貨的情況，反而增加了15-20%的轉單效應。半年多後，南僑的股價已從當時的50元左右均價，漲至70至75元間。

（七）今天的百變南僑

雖然南僑自化工起家，但在2008年，臺灣證券交易所主動將南僑由化工類股改列為食品類股，因為南僑集團的食品相關營業額早已遠超過化工產品的營業額。今天的南僑集團旗下與食相關的產品包括民生主食中的油、米、麵等食品加工原物料，也有貼近消費者的餐飲服務業（圖4-4）。但其實南僑從未放棄起家的水晶肥皂，近些年積極重振水晶肥皂的風采，再度延伸產品線，其天然抗菌系列產品並獲得疾管署認證為防疫產品，另外還進入生技日用品系列生產牛樟芝皂。洗劑類營業額約占南僑整體營收的4%。

回顧南僑歷史，從清潔用品向上發展原物料油脂產品，再轉型生產食用油，並水平增加冷凍麵糰、急凍熟麵，又向下發展歐斯麥餅乾、杜老爺冰淇淋、小廚師速食麵等包裝食品，近期還積極投入餐廳服務業（約占整體營業額的12%）。在這所有的事業中，除了水晶肥皂和B2B的事業之外，南僑都沒有以「南僑」為產品的品牌，所以消費者較少注意到南僑食品。

今天，南僑集團在大陸的營業規模遠超過臺灣的總量，不過臺灣市場一直是南僑實驗各種新營業模式的重要基地。以營業額來看，現在南僑集團的真正主力產品是隱性油脂、冷凍麵糰，各占臺灣南僑150億總年營業額之60%與8%，這兩項事業均是以B2B為主，所以一般消費者並不清楚南僑有這些產品，但其實幾乎天天會吃到南僑的油脂或麵糰、麵條等，南僑可說是烘焙食品業背後支援體系的隱形冠軍。

圖4-4　南僑全球產品系列圖

資料來源：南僑提供

二、西南冷凍海產加工霸主：海霸王

海霸王創建至今，其事業版圖不斷擴大。從一開始在臺灣起家的海鮮餐廳，水平拓展至冷凍食品，在1990年代水平擴張跨海至大陸發展冷凍食品，接著再垂直延伸至冷凍物流事業，這期間的部分盈餘轉投資至房地產。至2005年後，海霸王看準國外來臺人數增長的觀光商機，以累積的房地產及餐廳經營經驗，再次多角化投資商旅，現已成為跨足食品、餐旅和流通的事業集團。

（一）孕育期

海霸王的創辦人及集團總裁莊榮德先生，自小隨著父母在高雄的菜市場零售放山雞。然而天生有生意頭腦的莊榮德覺得這樣的叫賣零售模式賺得太辛苦了，因此向父母建議改賣餐廳。他回憶當時所設想的商業模式說道：「早期餐廳宴客要備的肉類就是雞鴨魚肉，一家餐廳席開100桌的話，就有100隻雞和100隻鴨的生意。轉做餐廳生意後，還滿成功的，所以後來我提議的生意計畫，父母幾乎都支持。」接著進軍高雄部隊的市場，真正意識到從零售轉為批發的商業模式和規模有多大的差異。莊家在此孕育期主要是在高雄地區批發放山雞。

1971年，當莊德榮退伍後開始往北部發展。他來到全臺最大的雞隻批發市場臺北市家禽運銷中心。這個俗稱「雞鴨市場」的源起是在1969年，臺北市政府鑒於當時家禽市場交易零星而雜亂無章，並無固定場所及組織管理，因此將原來在後火車站鄭州路一帶，每日交易約四萬餘隻的52位流動攤販業者，集中安置於六號水門外，由這些流動攤販組成家禽運銷中心，並由政府發放執照販售家禽。

沒有執照的莊德榮搭夥有照業者邱先生，用對半拆帳的方式進入家禽批發市場經營。大約經過兩年的時間，莊德榮將邱先生的攤位執照買下，正式成為臺北市家禽運銷中心的一員，並且累積資金為日後的海霸王餐廳奠定基礎。

（二）創業初期

雖然莊德榮的事業重心在臺北，但莊家的生活重心還是在高雄。莊德榮一次回高雄時，看到老家附近的一家海鮮餐廳門庭若市，特意打聽後，得知這家海鮮餐廳的營運模式是以新鮮現撈、當場論斤秤兩賣給饕客而聞名。年輕的莊德榮內心盤算著：「如果只是收購海鮮就能把餐廳生意做起來，我有從高雄到臺北的批發市場經驗，也認識不少廚師、服務人員，應該也有能力做海鮮餐廳吧。」

莊榮德藉著先前累積的資金和頭頭是道的分析說服父母，1975 年在高雄開了第一家海霸王海鮮餐廳。莊榮德回想當初命名的歷程：

> 我想了三個名字：海龍王、海軍上將、海霸王。海龍王是海底的王，我們把他的子民兄弟姊妹抓來殺掉，這樣不行；海軍上將又顯得太過嚴肅，上門用餐的顧客會覺得很硬氣；至於海霸王這個名字，一樣有海中一方霸主的意思，唸起來音韻響亮上揚，最後決定採用海霸王。

首家海霸王海鮮餐廳生意興隆，莊榮德一如過往地想要把生意再做大，他開始考慮進軍臺北餐飲市場。

大臺北地區主要的水產供應來源是臺北漁產運銷股份有限公司，其前身是第二次世界大戰前，1922 年在臺北市西寧南路成立的臺北市中央卸賣市場。1926 年更名為臺北市營魚市場，戰後 1945 年再度更名成臺北市水產物股份有限公司，1975 年遷址至臺北市萬華區萬大路，直至 1988 年再次變更為臺北漁產運銷股份有限公司，至今依舊是全國最大規模的消費地漁產批發市場，目前承銷人約有 400 位，承銷助理人 1,300 餘位，主要供貨大臺北地區為主，也有部分是銷往鄰近縣市（臺北漁產運銷股份有限公司網頁）。這樣的供貨來源讓莊榮德很有信心在大臺北地區拓展餐廳據點。此外，臺北最大的果菜市場就是在環河南路上的臺北市環南果菜市場，創建於 1966 年。1974 年原中央市場暨其鄰近之攤販陸續遷往六號水門外集中安置。在 1978 年 2 月再度遷移至現址四棟大樓營業，其規模已是臺北最大的果菜市場。因此，餐廳的果菜供應來源也會很穩定。

（三）餐飲盛期

海霸王迅速在全省擁有 14 家直營連鎖店（圖 4-5），年營業額達 15 億元新臺幣。海霸王在餐廳事業上的成功主因是莊榮德董事長的經營哲學，他說：

> 做生意要有「六化」：第一，人員要合理化，人不能太多也不能太少；第二，事務要電腦化；第三，原物料要產地化，食材原料要盡量到產地購買；第四，產品（菜色）要標準化；第五，（廚房）流程要自動化；第六，價格要大眾化。用這六化作為經營的準則，就差不到哪裡去。

這樣的經營哲學讓海霸王的菜色和價格更具彈性，可以依照不同客群的需求調整組合與價格，達到差別取價的效果。

就在盛期，莊榮德發現原本專注的海鮮餐廳市場逐漸趨於飽和。因此，他慢慢地將餐廳收起來，在1990年由原來的14家陸續收到剩下六家海鮮餐廳。這個牛市出場的逆向操作，加之另外成立的海霸王證券，引發外界質疑海霸王集團面臨財務危機（林孟儀，2003）。莊榮德董事長開記者會強烈澄清沒有財務危機，只是認為1994年期間臺灣政治動盪，讓他把眼光放到中國大陸。

圖 4-5 海霸王臺北西寧北路本店（海霸王提供）

發展餐飲事業的同時，海霸王集團1982年在高雄設立「海霸王食品有限公司」生產冷凍食品、鮪魚、旗魚肉鬆罐頭工廠。1980年代臺灣經濟快速起飛，中產階級家庭因為生活步調加快，需要快速方便的飲食，因此，可用微波加熱的冷凍食品慢慢盛行。

我國冷凍食品工業始源於1960年代，最早是業者在遠洋捕獲魚貨後，在漁港內進行選別分級、清洗及冷凍作業。有一部分製冰業者在1964年利用凍結室之設備，成立魚類加工廠，並開始將冷凍生魚片和蝦仁等運送到國外，開始冷凍食品外銷。早期的冷凍食品是以水產品占大宗。冷凍蔬菜的發展則起源於1962年，每年百萬磅的冷凍豌豆外銷到美國。在銷售成功成為典範後，其他冷凍蔬菜工廠紛紛成立。冷凍生鮮為出口導向，主要外銷日本。之後經政府大力鼓勵與國內外需求變化，許多現代化冷凍工廠陸續成立，漸漸將冷凍食品發展到三級加工層次的冷凍調理食品，並於1980年開始外銷（財政部，2010）。

不過，臺灣本地的冷凍食品消費市場則起步甚晚。在1970與80年代臺灣傳統市場密集方便，消費者習慣使用常溫生鮮食品，一直到冷凍調理食品出現，冷凍概念才慢慢為臺灣消費者接受。

海霸王在初期生產的冷凍食品主要是火鍋料，火鍋餃類的產品除了供餐廳入菜使用外，也對外販賣，後來又將大量的鮪魚、旗魚漁貨製成魚鬆販賣。在1992、93年間，莊榮德親自到汕頭瞭解市場，他發現旗魚鬆的貨櫃剛下港口，貨就分銷完畢。看到龐大的市場需求量，莊榮德決定正式前進大陸市場。

（四）西進大陸

1994年海霸王集團正式進軍大陸市場的第一步，就是將臺灣的冷凍食品製造設備搬到汕頭市。選擇汕頭是因為汕頭是五大特區之一，不需要向中央政府報告，地方政府就可以決定向企業招商的條件。海霸王在汕頭買的第一個工廠是一個破產的國營企業，叫「汕頭罐頭廠」，裡面原就有罐頭生產線，但之前是製作水果與蔬菜罐頭，沒有做海鮮類的罐頭，不過製罐機器是一樣的，技術近似。當初買工廠並不包含人力，政府把員工全部解散，只留土地、廠房和設備。

海霸王派出臺灣最佳的團隊到汕頭，從零開始教導當地員工冷凍食品的製程知識。當時不放心使用大陸的設備，所以很多東西都是從臺灣一個貨櫃、一個貨櫃慢慢運送過去的，並善用當時的高額度機械設備免關稅優惠。

海霸王進軍大陸的產品是冷凍食品，雖然是從臺灣開始產銷，但是在臺灣時只有賣火鍋餃，進入大陸就連水餃、湯圓也做也賣。莊榮德看到的趨勢是因為大陸也開始發展工業，隨著家庭上班成員增加，愈來愈沒有人有時間或手藝自製傳統湯圓、水餃，一般家庭要吃的時候，幾乎都是到賣場去買冷凍的回來煮。

為了瞭解在地口味，海霸王的高階主管們到傳統市場取經，看當地的小販如何打魚漿。汕頭人製作魚餃是用當天現殺的鮮魚，機器設備是一個很簡單的攪拌器，中間有一塊降溫用的冰塊，因為攪拌肉的同時若溫度太高破壞蛋白質就不會有膠黏性。此外，汕頭人還會用扁魚曬成魚乾，磨成粉後加到餡料裡，所以魚餃會帶一點點扁魚腥鮮味。潮州菜是粵東地區的重要菜系，大陸各地也有不少賣魚翅燕窩的高級潮州菜餐廳，所以掌握潮州味對於瞭解大陸南方市場的消費者口味有一定的幫助。海霸王的高階經理人除了研究當地人的做法之外，還研究他們的小吃。

海霸王初期的目標市場是粵東地帶，再逐步擴張至江南沿海大城，上海是重要的一站。第一年海霸王的貨櫃送到上海又被拖回來。因為上海的經銷商把海霸王的火鍋餃當成水餃賣，所以回報市場反映海霸王的產品很貴，當時上海人並不知道魚餃的皮是用魚肉打出來的，還以為是用麵粉做的水餃皮。莊榮德改弦易轍，決定先在上海開一家海霸王餐廳，找了一位在上海多年的臺灣人，以各半股份在上海開了三家餐廳，教育上海消費者如何吃火鍋餃。老一輩的上海民眾至今對海霸王的深刻印象還是火鍋，因為海霸王餐廳連續兩、三年，幾乎每天都有長長的人龍排隊。

1995 年開始，海霸王擴大產品線。在大陸產銷一年後，內部一致認為產品線太少會妨礙發展。一條火鍋餃生產線可製出七個品項，再加上湯圓類也不到10 種，放到長長的冷凍櫃中塞不滿一個角落，很難與賣場採購談陳列與進貨。因此，海霸王在中國大陸所發展的冷凍食品非常多元，比臺灣的品項多很多，包含鑫鑫腸、蟹肉棒、魚丸、竹輪、甜不辣、香腸、包點……等等，當然還有各種火鍋餃，至今總共有400多種產品，以海霸王和甲天下雙品牌營銷。

海霸王在推廣至大陸各省時採經銷模式，由於對當地經銷體系陌生，一開始採月結計算方式，出貨後下個月請款，每月可調整訂貨，以瞭解各地消費者偏好，並可測試經銷商的能力。海霸王有不少合作的經銷商是從小生意慢慢培養起來的，像在成都的第一大經銷商2014年幫海霸王做了7,000萬人民幣，相當於3.5億新臺幣，這樣一路培養出來的經銷商不下10位。目前海霸王冷凍食品在大陸的年營業額達到30億人民幣，近期目標是要達到300億人民幣。

海霸王在上海曾短期發展過餐飲業。在1995年與臺商朋友合資開過三家自助火鍋店，中午每人人民幣39元、晚餐每人49元，主要目的是教育上海消費者吃火鍋餃的概念。當時餐廳曾連續三年造成排隊人潮，不過在1998年海霸王在考量有限的人力跟資源後，決定放棄餐飲，全力經營冷凍食品通路。主要是因為冷凍食品的門檻較高，一旦成功較不易有競爭者，且一年採買的大宗物資原料不會超過10種，反觀餐廳一個月大小採買的品項要超過1,000種，且難以杜絕採購弊端。

（五）發展冷凍物流

大陸肉品產銷量最大的地區是成都。1996年海霸王的大陸經營團隊至成都採購豬肉，當地政府安排參訪肉品屠宰與經銷廠，並向海霸王推銷一個國營企業「成都肉聯廠」，希望能將之賣給海霸王。這家國營企業原本是屬於軍方的備用肉品存放區，比較特別的是有一條專用鐵路。當時全中國的冷凍食品很少，多在沿海地區，海霸王看到內陸的商機，決定接手肉聯廠，並改做冷凍批發市場。

原本國家派令的胡姓廠長與工廠工人拿出他們的退休金和海霸王合資，把原本做肉品的工廠改成冷凍批發集散市場。海霸王先把其他的建築物拆掉，並且從全國各地招募經銷商加入，重蓋一層樓的店鋪租給他們。貨物是由火車從沿海及各產地運來儲存在冷凍庫，一樓店面做生意，大買賣就從冷凍庫直接運出。經營團隊特別到沿海區找冷凍肉品、海鮮、加工品的進口商，介紹成都的地理優勢和冷凍庫優惠等，辛苦經營四年，到2000年才看到初步成效。

在2000年，有部分股東想以五到六倍的價格釋出股份，莊榮德購入這些股份後，海霸王共擁有68.17%的股權，成為最大的股東。海霸王原想把這個位在成都市的東邊二環路的基地建立成都最大的冷凍批發市場，但因成都市已經開發到二環，政府希望所有的市場搬遷到三環外。

當地政府在北邊的三環邊批了一塊1,800畝的地給海霸王，有原本的15倍大。海霸王與國家鐵路局商議從國鐵拉出一條全長3.5公里的專用線，建造費用由海霸王自己負擔，共花了3,000萬，停靠站直接命名為「海霸王站」，建好車站與鐵路後，再沿著鐵軌建冷凍庫。2008年「海霸王西部食品物流園區」正式落成（圖4-6），包括2,500多個攤位出租給冷凍食品公司展售，提供銀行、物流、食品檢驗等綜合服務，內有兩條私有鐵路，並對外連結國鐵，再加上環狀公路在側，這個冷凍物流中心的立地極具交通便利優勢，成為大陸西部最大的食品商業城，站穩在大陸內地冷凍食品食材的產銷地位。

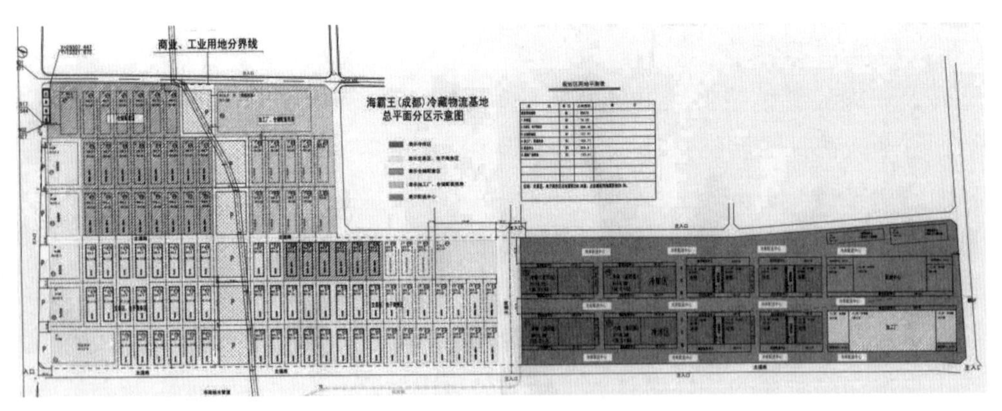

圖4-6　成都海霸王西部食品物流園區

資料來源：海霸王提供

「海霸王西部食品物流園區」的規模還在不斷擴張中，現在已有12個使用中的冷凍庫，兩個還在興建，冷凍庫的平面面積有15萬平方公尺，高度有21公尺，可以疊三、四層貨物，以立面計算總面積就超過45萬平方公尺。海霸王在大陸冷凍物流的主要業務由莊榮德的長子莊自強總經理負責。

（六）返回臺灣多角化

海霸王在2000年以後於臺灣的商旅多角化發展，其實遠在幾十年前就種下因子。莊榮德長期投資房地產，秉持著上一輩有土斯有財的信念，一有盈餘或是一看到好的機會，就會標下土地或房產。到了2000年，海霸王集團旗下的未開發土地已達20萬坪。

海霸王曾在位於桃園機場附近的觀音鄉草漯村買進一大片土地，13年後以其中1萬坪土地蓋透天厝，1999到2005年間六期陸續蓋了500多棟，後來也在附近再買土地蓋物流廠，租給香港利豐集團使用。

這段期間，莊榮德看到臺灣觀光服務業的發展機會，於是在2005年成立「城市商旅」，開始在臺投資商務與觀光旅館，並逐步活化集團內的房地產。首先，從海霸王熟悉的臺北西南區起步，請吳宗岳設計師設計改裝一棟老大樓，內部裝潢走日式風格，並設計全新logo，商旅內的餐飲服務正好可用到海霸王當年開餐廳所累積的營運經驗。城市商旅現在是交給1998年於日本早稻田碩士畢業的么兒莊自立負責，莊自立從零開始學習旅館規劃與經營，之後陸續在臺北東邊的松山區、桃園國際機場附近、宜蘭礁溪、臺中西區、高雄鹽埕區經營多家配合當地特色的城市商旅。

臺北的城市商旅的定位為日系飯店，服務人員多會講日文，來客高達70至80%是日本旅客。陸客晚進早出的行程規劃，則讓海霸王位於桃機附近的桃園航空館飯店幾乎天天客滿，而靠著工廠與中央廚房的協助，桃園航空館可以像流水席般從早到晚提供團客的團膳桌菜。

（七）食安風波

海霸王向來注重自家食品品質，採購標準強調品質優先於價格，曾經因為原本沙拉油供應商所提供的油打不出好吃的沙拉醬，而更換餐廳所使用油品的品牌，沒想到竟因此避開2014年的強冠黑心油風暴，可說是堅持品質的好報。

不過，海霸王「品牌」還是在黑心油事件中被無端波及。源起是有一家「好品味生技食品公司」生產的海霸王蘑菇醬等六款醬料使用到強冠香豬油，被媒體報導（吳敏菁，2014），但是其實好品味公司根本與海霸王集團無關，只因當初海霸王食品在登記商標時，並未註冊到調味品類，因此被好品味公司捷足先登註冊並生產「海霸王」品名的醬料。這些年海霸王公司一直為之困擾，與對方協調不果，此次又因為媒體報導時沒有詳查說明而遭受無端牽連，影響品牌聲譽。

（八）未來發展

城市商旅是海霸王在臺的重點發展事業。根據觀光局的調查統計顯示，自從2008年7月政府開放大陸旅客來臺觀光，陸客來臺人次從2008年的33萬，快速上升到2012年的258萬多人次。到2012年為止陸客觀光已經創造了3,884億新臺幣。海霸王集團當然也希望掌握這波陸客商機。

在海霸王的餐飲本業中，現在仍有八家海鮮餐廳，其中有三家新店是與城市商旅結合的餐廳和宴會廳，看得出發展方向偏向結合餐飲與住宿的觀光服務模式。城市商旅正在規劃一個靠進觀音海水浴場的海邊飯店，占地22,500坪，其地點從臺64線下去會接到新北市八里，再轉臺61線濱海公路，沿臺61線10分鐘就可以到桃園機場。這部分的生意利基除了大環境的觀光產業蓬勃發展之外，也靠莊榮德競標土地和建物的眼光，總能以低於市價行情的價格買進土地和資產，降低建設成本。海霸王集團是以商業大樓或是商業用地為標的，至今集團內仍握有約20萬坪的資產，留待集團逐步開發。只是陸客觀光的住宿餐飲商機，在2015年後已趨緩甚至衰退，從2015年的418萬縮減至2016年的351萬人次，可想見海霸王在此領域的投資也將轉為謹慎。

至於冷凍食品的製造和銷售重心，已移至大陸市場，畢竟大陸的人口眾多，飲食需求量遠非臺灣市場可及。評估大陸市場總量，海霸王的冷凍食品應該還有很大的成長空間。此外，由經營冷凍食品衍生而出的冷凍物流生意，已經讓海霸王穩據大陸西南一方。下一階段的目標便是藉由鐵公路交通對外聯結，期待能將批發物流生意發展到更遠的地區。

三、火鍋料、湯圓、沙拉利基王：桂冠

「真久沒看，這個機會不是常常有呢。啊好康的不就快傳出來，今呀日有朋自遠方來，桂冠的火鍋料瞭解咱們的心意。」從歌手黃品源所唱出來的溫暖歌聲，大家都耳熟能詳。一說到桂冠，在臺灣的民眾多半會聯想到火鍋料、湯圓、沙拉醬，而這幾項食品也是桂冠穩站臺灣市占率第一的產品。

（一）草創時期（1950~1975）

王連富先生在1950年時以販售冰塊和出租冷凍庫起家，一天冰塊的產量只有120塊，大部分供應冰櫃降溫以及夏天冷飲用，夏季是旺季供不應求，冬季生意少就只能靠出租空的冷凍庫給做凍豆腐的廠商補貼收入，連孩子們都加入幫忙切凍豆腐，但王家父子也因而發現，冬季吃火鍋的消費者愈來愈多。

經營了十年的冰塊生意，在1965年以後開始出現勁敵：冰箱，不少中上家庭慢慢買得起國外進口的冰箱。王家父子警覺到製冰事業得轉型：「當家家戶戶都有了冰箱替代冰塊，誰還會買冰塊呢？」配合危機化為轉機，「既然冰箱是新興的家電，應該轉型開發一些可以攻進冰箱冷凍庫的食品。」

位於基隆製冰廠隔壁有一位來自廣東汕頭的「媽嚕（マル）

榮」師傅，他的LOGO是一個圓圈，裡面是一個「榮」，專賣手工魚餃和脆丸給火鍋店，冬天的生意好得不得了，過年前更是每天趕工。桂冠王家兄弟於是決定從魚餃開始跨進火鍋料餃市場，由父親擔保，向銀行借了約120萬元的創業資金，在1970年攜手創立桂冠食品，生產魚餃。

公司命名桂冠是學外文的長子王正一（已退休，2008之前為桂冠董事長，主掌財務）的構想，源自於希臘桂冠詩人「Laurel」。古代的希臘人會為各種競賽的優勝者戴上一頂桂冠，英國大學也會將桂冠詩人的頭銜頒贈給國內大詩人。王正一認為，桂冠不是皇冠，無法世襲，要時時努力爭取，桂冠的品牌意義正代表著努力而得的榮譽。

桂冠從業務用供應開始，有70%的產量都是賣給沙茶火鍋店和韓國烤肉店，但是每年幾乎只能做冬天三個月的生意，九個月不賺錢，非得突破靠火鍋店通路的瓶頸。當時臺北除了一家西門超市以及欣欣大眾之外，沒有其他通路商，更不用說現代化的便利商店以及量販店，換言之，沒有有冰櫃的新式通路可販賣魚餃。所以老三王坤山（現專責通路）和老四王正明（現任臺灣桂冠總經理）決定鑽進「販仔」集中的臺北市萬大路果菜批發市場擺攤，透過販仔開拓桂冠魚餃批發市場，進入傳統市場。王正明回憶當時：

> 全省的傳統菜市場我都騎著摩托車一個一個去過，兜售魚餃給菜市場的魚丸店，因為他們才有冰箱。最長的時間有28天沒回來，從臺北一站一站騎到屏東再回來。拿到訂單後，從臺北用火車寄過去，再到火車站領貨交給魚丸攤販。基本上，就是把冷凍食品當現貨賣。

就這樣桂冠一步一腳印地奠定草創的基礎，同時也開始用商品經營品牌。

接著，桂冠動腦筋想到夏季冰品的經銷商，因為冰品和火鍋料的淡旺季正好相反，又都需要冰櫃。桂冠的業務團隊說服冰品經銷商：「你們的冰櫃可以賺兩種錢，夏天賣冰棒，冬天賣火鍋餃，還可以解決冬天冰櫃閒置的浪費。」果然吸引不少冰品經銷商加入。

因為桂冠有冷凍設備，可以提早在七、八月就開始製作，累積到十月底開始賣。只要到十二月寒流一來，貨一定就會掃空、供不應求。因為桂冠的魚餃火鍋料是冷凍一直到菜市場才解凍，其他廠商是常溫，所以桂冠的魚餃火鍋料新鮮度就比其他廠商的長四到五小時。桂冠的產品比其他廠商的新鮮，是一個隱形的差距，消費者就會覺得桂冠的魚餃比較好吃。

桂冠的供應商中有一個很有名的瑞典廠商，是世界頂尖的急速冷凍機廠商，當年的一臺機器就要價一千多萬，這是個重大投資決策。當時桂冠內部投票，兄弟中三比一票決定要買。投資急速冷凍機之後，做好約40分鐘就達到中心冷凍的溫度，更新鮮、口感也更好。如此頂尖設備造成的正向循環，順利拉開桂冠與同業間的差距。

那時賣給餐廳和傳統市場的，都是用塑膠便當盒裝，一盒50粒裝。但是市場攤販賣給消費者的魚餃則是一粒一粒賣，可見賣給家庭就得改變成小包裝。所以桂冠裁剪便當盒尺寸，重新設計20粒裝的包裝，就可以直接一盒賣給消費者。

為了辨明是桂冠賣的產品，包裝上必須要有商標（Mark）。王正明原是學設計的，設計時想說最簡單的就是三個圓圈，一個大圓、兩個小圓，再加上桂冠兩個字，字是用隸書，桂冠魚餃的字兩邊翹起來；有趣的是，後來幾乎每一家魚餃品牌的字都像這樣翹起來。當時桂冠所有的產品包裝都是王正明設計的，後來桂冠的廣告行銷也都由王正明負責。

除了魚餃，桂冠初期的產品線還包括了脆丸和魚丸。不久後，桂冠做了一個重要的決定：不做脆丸。其實在那時脆丸的銷量高過魚餃，但是因為要維持脆丸的脆度主要是靠食材的鮮度，以前臺灣近海捕魚可以獲得新鮮漁獲，但近海漁業逐漸被遠洋漁業取代，遠洋漁獲卻都是冷凍魚，其新鮮程度略遜。當時有些做脆丸的廠商為了保持其脆口口感會添加硼砂，但硼砂吃多了對人體不好，同時為了顏色，不肖廠商也常用雙氧水漂白脆丸。桂冠不願意加硼砂，又無法以冷凍魚做到可接受的脆度，也顧慮食品安全疑慮，因此毅然決然地把脆丸這條產品線停掉。

圖 4-7　桂冠主力產品之一：湯圓（陳家弘拍攝）

（二）發展時期（1976~1986）

桂冠在快速發展時期有著全面的成長，包括生產製程的突破、產品線大幅擴張、銷售轉型兼具 B2B 與 B2C、以廣告建立品牌形象，在 1980 年代為今日的桂冠打下堅實基礎。

在 1970 年代初的草創期，桂冠還是用人工製作魚餃，最多曾經用到三班制。1976 年起桂冠開始蓋新工廠，一個工廠兩層樓，分三班制，總共將近 900 個員工，甚至還發包到晉江街的家庭代工，每天最多只能生產 5,000 多盒，約 10 萬顆魚餃。王正明回憶：「旺季的時候，我晚上都沒有睡覺，都在趕著包裝，清晨五點多才能出貨。」再加上發生一次魚漿皮師傅帶著一群徒弟集體離職的事件，點醒王家兄弟，要創造生產的經濟規模，製程不能過度依賴人力，一定得進入自動化，用機器擀魚餃皮才能真正量產。

老二王坤地（前桂冠集團總裁，專責研發與生產）是學機械設計的，開始鑽研魚餃製程如何採用機械自動化生產。經過長達 12 年的鑽研，王坤地一直無法克服滾筒壓過魚漿後，魚漿皮會黏在滾筒上的問題，最後意外地從印刷機的滾筒找到了靈感：印刷時是紙在動，不是滾筒動，所以應該是餃皮動，滾筒不動，以快速延展滾輪拉開餃皮，每經一次滾筒餃皮就緊一點。最後開發出可以擀出

0.6 釐米魚餃皮的自動化生產機器，成為臺灣火鍋餃自動化生產的先驅。

1986 年，桂冠魚餃皮的製程透過機械自動化生產後，每天產量立即飆升六倍，順利解決旺季大缺貨的窘境，也有餘力開拓更多市場。在那個年代，同業根本無法想像中式傳統食品可以用現代化的機器生產，所以桂冠採機械自動化生產魚餃的前五年，竟然沒有同業發現桂冠是用機器製魚餃皮。桂冠魚餃、蛋餃、燕餃、花枝餃等火鍋餃類至今每年全臺賣出超過2,000 萬盒，在整體火鍋餃市場占有率高達60% 。

在這段快速發展時期，桂冠除了製程上的突破，產品線也大幅擴張，日後桂冠的重要品項：湯圓，也是在這段時間研發成功的。因為四兄弟常到九如老店吃湯圓，看到元宵排隊人龍而嗅出商機所在，決定投入冷凍湯圓的開發。在第一個暑期員工閒置的時間，請員工用手做湯圓，想著冷凍後冬天拿出來賣，沒想到冬天拿出來一看，好多都裂掉報廢，只能挑好的出來裝盒。老桂冠員工提起這段都笑中帶淚戲稱這些是「開口笑湯圓」。後來買進一臺日本的湯圓機，又持續改良精進，目標是做到湯圓口味的標竿：九如的水準。

剛開始的幾年，桂冠湯圓賣得並不好，後來出現一個轉折契機。1978 年糯米價格飛漲，從每斤16 元漲到32 元。所有做湯圓的廠商在原料成本倍增的壓力下，聚集在永和的中信茶樓開會討論漲價，其中也有代表提議改用一斤不到10 元的泰國糯米，但是泰國糯米的口感不夠糯。在那場會議中，桂冠算是小廠，意見不被重視；大夥兒七嘴八舌，無共識而散會。後來不少大廠商真的改用泰國糯米，但是桂冠始終堅持要用好品質的糯米以維持口感，最終獲得消費者的認可而銷售蒸蒸日上。至今，桂冠湯圓堅持使用濁水溪契作圓糯米，每年則可賣出1,000 萬盒以上，超過一億粒，市占率維持在85%，遠超過所有競爭品牌。

1985 年以後，桂冠開始橫向發展、拓展產品線，開始做水餃、包子、餛飩、沙拉醬等等。沙拉醬這項產品，是特別為了補充夏季空缺的產品線而選定的。因為當時桂冠產品皆以冬季為主，原本夏

圖 4-8 早期桂冠火鍋料平面廣告（桂冠提供）

季的冰塊生意已經因為冰箱的普及而消失，必須找到至少一項夏季商品填補閒置產能，所以選上配夏天涼筍的沙拉醬。沙拉醬的配方來自當時的第一品牌「瑞西沙拉醬」，因為第二代無意接手經營，就把配方賣給桂冠。沙拉醬是常溫產品，原本是各地方品牌割據一方的分散市場，至桂冠沙拉醬開始，才有了真正的全國品牌，至今約有六成的市占率。

在這10年間，桂冠在行銷與通路方面也有重大進展。那是臺灣連鎖超市快速成長的時期，後期量販店也開始出現。換言之，冷凍食品的零售通路逐步成型。也在1985年，臺灣的人均國民所得超過3,000美元。桂冠順勢開始拓展零售通路，發展B2C的生意。

為了向消費者介紹桂冠的產品，桂冠開始運用電視廣告。桂冠在1980年便打出第一支電視廣告，以「火鍋的主角，桂冠魚餃」為廣告標語，讓桂冠魚餃深入一般消費者的記憶，成功由業務用市場切入家庭零售市場，也奠定桂冠火鍋料的形象（圖4-8）。至於桂冠的湯圓廣告還有另一段影響習俗的故事：中國南方人的冬至習俗是食用以米製成的圓形食品，臺灣及閩南人多半是吃白色與紅色的小圓仔，有少許包餡的圓仔母；正月十五會有包餡料的搖元宵。為了增加元宵節以外的包餡湯圓銷售量，桂冠強打廣告教育消費者冬至吃湯圓，至今已經變成臺灣民間習俗之一。從元宵賣10萬，冬至就賣20萬，隔年元宵就賣40萬，這樣一直成長，到現在一個冬至約銷售600萬盒，也就是6,000萬粒，全臺平均一個人要吃兩粒半。

（三）深耕時期（1986~1994）

為確保湯圓品質，讓糯米更Q更好吃，桂冠試用過不同產地的糯米，發現各地的糯米品質都不一樣，只有濁水溪的糯米黏稠度最高，最適合做湯圓。因此在1987年開始與濁水溪當地的農場契作，西螺大橋濁水溪附近的糯米田都是桂冠湯圓糯米的來源。至今，桂冠湯圓仍堅持使用濁水溪契作圓糯米，每年則可賣出1,000萬盒以上，超過一億粒，市占率維持在85%，遠超過所有競爭品牌。

另外為確保自家冷凍產品在運輸過程中的品質，也為了鞏固自己在冷凍冷藏食品的地位，桂冠在1986年成立世達食品公司，專職冷凍物流，擁有冷凍貨車。除了自家產品之外，1991年起，也幫全國最大的連鎖便利商店7-11運送新竹以北地區的冷凍冷藏產品，從夜間11點運送到早晨7點，雖然代運收益只有7至9%，但足以顯示桂冠的冷鏈物流在食品業有領先地位，也為臺灣進入商物分離時代立下里程碑。直到後來7-11成立自己的冷凍物流體系，世達食品轉為萊爾富、OK等便利商店服務。

在這段期間，桂冠也嘗試推出多種高品質新產品，包括熟布丁、芙蓉豆腐等，目標均是要做到同品類中品質最高且風味不同，以符合桂冠的高端品牌形象。1988年桂冠推出布丁產品，是市場上第五家進入布丁市場的品牌。但桂冠卻不以後進追隨者自限，反而刻意將布丁市場一分為二：用雞蛋蛋液蒸熟製成的熟布丁和用吉利丁凝結的傳統生布丁，強調桂冠布丁是唯一的熟布丁。雖然價格較吉利丁布丁略高一些，但是迅速搶下25%的市場，銷量躍進為第二名。後來因為熟布丁會有些許的蛋腥味，部分小朋友無法接受，再加上當時冷藏鮮貨管理的技術不是很成熟，所以四五年後只好宣告下架。

1990 年桂冠中和二廠落成，解決一廠產能不足的問題，也有多餘產能可以增加新產品。正好主管前往東京食品展考察時，在業務用批發的築地市場看到蛋豆腐，覺得應該有商機，遂採樣回工廠研發由全蛋液製作的芙蓉豆腐，最終的製作過程與成品均相當嚴謹，略有氣泡的產品就會被打入次級品，不得販售，包裝規格皆與日本水準相同，連包材盒都是從日本空運進口。熟布丁和芙蓉豆腐二例充份顯示桂冠即使要進入競爭激烈的成熟市場，也會將產品差異化，做到與競爭品不同的品質與風味，以建立自己獨特的定位。

1994 年桂冠再度深化旗下火鍋料產品線，有鑒於 1993 年春節期間日本批發市場鍋物賣到臺灣，大受消費者歡迎，桂冠決定推出日式火鍋料系列產品，以蟳味棒、魚卵卷打頭陣；至今，日式火鍋料系列已有 13 種產品。

（四）西進發展時期（1995~2004）

桂冠正式進入中國大陸發展是在 1995 年。1990 年，天安門事件的隔一年，王正明到中國大陸沿海考察市場，1994 年又再派人前往瞭解法令、通路等，發現上海的經濟發展狀況最好，是商業之都，也是各式商業與流行的源頭點。龍鳳在 1992 年就以上海為據點，而龍鳳的產品線跟桂冠差不多，所以桂冠在 1995 年也選定從上海開始發展大陸市場。

雖然地已批准下來，但是廠房還在蓋，所以桂冠先租了一個汽車修理廠的廠房，開始小規模試產。桂冠進入上海市場初期是從沙拉醬開始，因為桂冠與龍鳳的產品線多有重疊，龍鳳進入上海早，桂冠也無意挑起商戰，所以並沒有用在臺灣最強的產品火鍋料與湯圓西進，反而選擇從龍鳳沒有做的沙拉醬開始，待建立品牌形象後，才開始增加產品線，賣其他品項。

原本在上海的沙拉醬大品牌是美國品牌，口味偏酸、偏鹹。桂冠研究後發現，上海人買了美國品牌的沙拉醬後，還會加入煉乳調味。基於對市場的深入瞭解，桂冠沙拉醬以接近美國品牌的價位，慢慢建立起品牌。桂冠選擇的第二項主軸產品也是當時還沒有廠商生產的貢丸。桂冠以這兩項產品從上海開始，逐步打開中國大陸的市場。

待桂冠的品牌形象穩固後，就準備導入強項產品：湯圓。當時上海人心中認定的湯圓第一品牌是龍鳳，已經習慣龍鳳的口感，要贏過龍鳳的先進優勢並不容易。為了改變消費者的習慣，桂冠選擇從龍鳳較弱的點著手。市場研究發現，有部分消費者覺得龍鳳湯圓太大一顆，大顆的糯米皮就會比較厚，桂冠因而推出小湯圓攻市。時至今日，雖然龍鳳依舊是包餡大湯圓的最大品牌，但桂冠已經是包餡小湯圓的第一品牌。

為了維持冷凍食品的安全衛生與口感，桂冠在上海同樣積極投資冷凍物流，確保冷鏈的完整度。到現在，桂冠已是上海冷凍物流業的第一把交椅，上海的冷鏈直送範圍包括江蘇、浙江，在福建跟廣東則是有經銷，這個範圍裡面約有兩億人，市場非常龐大，且還在快速在成長。

（五）轉型時期（2005~2014）

2000年以後，王正明發現臺灣外食市場快速成長，在家裡烹飪的比例卻一直降低，而且家庭平均人數愈來愈減少，對雙薪小家庭而言，烹飪就更顯麻煩。面對這種趨勢，桂冠必須找尋新的出路。秉持「不是賣產品、而是賣服務」的中心原則，桂冠從消費者的角度出發，思考「為什麼消費者需要」、「消費者是怎麼吃這些產品的」，目標就是「要讓客戶開心」。

桂冠自2003年開發出個人包義大利麵，提出一種一個人也可以簡單吃餐好料的概念。至2005年，單身與小家庭的趨勢愈來愈明顯，桂冠陸續推出一系列的義大利麵、拌麵、炒飯、洋飯等10多種個人微波冷凍食品（圖4-9）。精準掌握此人口變化趨勢的桂冠，旗下個人系列商品的營業額，在五年後已占桂冠總營業額16%，每年還以3到5%的速度繼續成長（黃文奇，2011）。

桂冠還建置了一個實驗廚房，聘請餐廳級大廚研發產品與應

圖 4-9　桂冠冷凍麵飯系列（桂冠提供）

用，把原本的產品轉化成半成品，並做成一道道以桂冠半成品為基礎之簡易食譜，提供給消費者。桂冠新的產品策略就是「簡單做，開心吃」，而這就是桂冠看到的消費者洞察「不要花太多功夫，但是要吃好的」。消費者想要吃好的但是又不願意麻煩。桂冠的產品可以直接微波吃，也可以加熱，再加一點青菜配料增加變化，等於幫消費者做好 85%，留 15% 個人創意空間。

實驗廚房的另一個功能是協助業務通路。例如：桂冠會邀餐廳廚師到實驗廚房，由自家的研發廚師與餐廳廚師一同研究如何運用桂冠的產品，創造出新菜單。

2012 年，桂冠為了要發展食品服務業，特別聘請了一位法國的品牌顧問，協助診斷桂冠的品牌特質，並提出桂冠未來可加強的兩項特點：「開心品味時光」、「創意料理組合」。為了讓消費者體驗創意料理帶來的開心品味，桂冠在 2013 年 7 月開立旗下第一間廚藝教室「桂冠窩廚房」，讓消費者在一個溫馨的空間直接感受使用桂冠產品的美味與幸福氛圍。窩廚房也是一個讓桂冠可以直接聽到消費者聲音的重要接觸點。

桂冠在這段時期也靈活運用網路行銷，建置網路會員，可直銷產品給會員，有新產品時，也會讓會員先試吃並提供回饋意見。王正明甚至經營自己的臉書專頁，希望透過直接接觸消費者，更快掌握市場脈動。

除了更接近市場端之外，桂冠不忘記再紮深其一貫的基本功。2014 年 11 月桂冠斥資 10 億元投資興建，位於桃園縣的「八德低溫物流中心」落成，由桂冠集團旗下的「好食在股份有限公司」負責經營，董事長由王坤地的兒子王東旭擔任。這是全臺最大的冷凍與冷藏物流中心，占地八千多坪，設有 13,000 多個冷凍儲位及 2,200

多個冷藏儲位，並規劃物流加工服務區，搭配全臺10個營業所、發貨中心為據點的運輸配送服務，讓倉儲物流的功能更多元，也更符合客戶的需求。當初的規劃是待兩岸貨貿相通之後，臺灣這邊的「好食在」和上海「世達」，就可以交叉集貨／放貨，形成一個跨海峽的食品服務業。

臺灣的低溫食品業發展已相當成熟，每年產值約新臺幣2,800億，連帶創造出超過新臺幣500億元冷鏈物流商機。桂冠的這個佈局，除了是為自家旗下眾多產品打好基礎，同時也是看好未來隨著電子商務、網路購物發展，將飛速發展的冷鏈物流趨勢。

（六）未來展望

桂冠從一家製冰工廠，兄弟同心攜手發展到今天的規模，兼具食品製造業與食品服務業的深度與廣度，至今已成為臺灣冷凍食品的代名詞，年營業額由草創時期的600萬元連年成長至2014年的兩岸營收約40億元。雖然是一家未上市的家族企業，規模不若上市食品大集團，但是桂冠堅持品質的原則始終不變，要求每項產品都要做到最好，也真的擁有多項第一：湯圓、火鍋餃、沙拉醬，都是市占率超過50%以上的絕對第一。在面對競爭者時，桂冠習慣保持低調，但是堅持固守高端市場，不搶進低價格／低品質市場，以避免無止盡的削價競爭。

桂冠也曾受到食安風暴波及，當時是傳出越南進口米有落葉劑，引起消費者恐慌。桂冠快速反應，馬上利用網路向消費者溝通。另外在2014年的冬至前推出農民篇湯圓廣告，強調桂冠湯圓用的都是契作30年的臺灣糯米，參與廣告拍攝的老農民很真誠自然地說明，自己是從3、40歲就開始種桂冠用的糯米，意請消費者安心。廣告播出後，當年冬至湯圓的銷售，非但沒受越南米事件影響，反而逆勢成長。

桂冠注意到連續食安風暴後消費者對真食物的期待，也知消費者其實無暇烹飪，目前桂冠開始研究如何經營熟食外賣。根據桂冠的估算，冷凍跟冷藏的銷售速度相差近四倍，而冷藏與熱食又相差近四倍，所以一項冷凍食品若換成是以熱食供應，銷售速度會相差16倍之多，擴大窩廚房成為社區的連鎖熱食中心是一個可能選項。如果真的決定如此發展，桂冠將從冷凍食品業者，再度轉型成為熱食餐飲業者。

四、結論

由以上三個食品家族企業集團的案例其實可發現，食品產業容易產生利基冠軍，或許與產業特性有關。首先，人類的飲食複雜多元，特別是華人的飲食文化，發展出許多特殊的食品與調味，也就可順勢產生可在特殊領域一枝獨秀的企業，像是前述的海霸王和桂冠，還有黑橋牌香腸、旺旺仙貝、牛頭牌沙茶醬、金蘭醬油、工研酢、乖乖、養樂多等，均是消費者在想到該產品品項時不二選的品牌，也是市占率的絕對第一，但是並不會像是統一、味全這種整體食品業整體或全面發展的品牌，而是屬於在一個利基市場穩紮穩打的冠軍，逐步建立其特殊的優勢，讓超大型食品廠也不至貿然進入該品項。

其次，食品製造的供應鏈複雜且長，消費者購買的一項食品背後，需要非常多的原料供應商。愈往上游接近原物料形式，所需要的營運規模和投資成本就愈高，需要靠規模經濟致勝，直到最終生產的農、漁、牧業之前，國際食品業趨勢的發展都是大者恆大。隱藏在大小餐飲店、各式食品飲料背後，有不少超級冠軍的大型原料供應商，除了本章介紹的油脂、麵糰供應商南僑之外，還有像是佳美食品，亞洲七成以上蔬果原汁均來自佳美，年營收70億元，一年處理30萬噸的蔬果汁，相當於臺灣全年蔬果量總產能的十分之一，為各大果汁廠代工。這些供應商都不是消費者能名之的食品產業無名英雄。

此外，從這幾個案例還可以發現，食品產業到下游的加工製造，甚至是飲食相關的餐飲服務業，因為投資成本較低、技術門檻低、生產進入障礙也較小，容易出現百花齊放的現象，下游企業要勝出，靠的是對消費者口味的掌握、銷售通路的佈建、及品牌行銷的能力。因此，本章中介紹的三家食品業都曾經多元延伸製造出各種不同形式、口味、溫度的各式產品，以滿足消費者求新求變的喜好，其他食品製造業者的成功模式應該亦若是。

感謝南僑陳飛龍會長、海霸王莊榮德董事長、海霸王莊自強總經理、桂冠王正一前董事長、桂冠王正明總經理接受訪問，提供寶貴資料與照片。本章內未特別標明出處的資料，均為訪談所得。

參考文獻

ETtoday，2014，〈大逆轉！南僑真是進口食用油 澳洲辦事處：翻譯誤會〉。ETtoday 新聞雲，10 月 18 日。

TVBS，2014，〈劣油風暴／食藥署查獲 南僑進口食用油報關工業用〉。TVBS 新聞，10 月 15 日。

交通部，2017，〈觀光局觀光統計圖表〉。取自：http://admin.taiwan.net.tw/public/public.aspx?no=315。

余瑞仁，2014，〈麵摻銅葉綠素鈉 南僑總座不起訴〉。《自由時報》，6 月 25 日。

吳敏菁，2014，〈海霸王蘑菇醬等6 款醬料全淪陷〉。取自中時電子報：http://www.chinatimes.com/realtimenews/20140912003928-260402。

李至和，2015，〈南僑速食麵 將重返國內〉。《經濟日報》，6 月 11 日。

林孟儀，2003，〈海霸王回臺發動兩起游擊戰〉。《商業週刊》，第811 期，頁126, 128。

財政部，2010，《99 年度增修訂冷凍食品業之製造業原物料耗用通常水準調查報告》。

張均懋，2013，〈銅葉綠素鈉摻抹茶麵 南僑致歉〉。《中央社》，11 月9 日。

黃文奇，2011，〈桂冠 個人方便包打開新市場〉。《動腦雜誌》，4 月號。

臺北漁產運銷股份有限公司入口網站 。取自：http://www.tpfish.com.taipei/opencms/TaipeiFishery/introduce/history.html 。

大成與頂新之個案分析

樓永堅、曾威智

INTRODUCTION

臺灣食用油產業的發展，一開始的製油法主要以人力或獸力榨油，後來運用高溫加熱壓榨方法提煉黃豆油，繼而引進機器採用溶劑煉油。新技術的產生及設備的改良與運用，造成產業結構的改變。而製油廠在經營策略上從自產自銷或是農民自備原料代工，到因應政府政策為糧食局代工，轉變成製油廠自創品牌或是通路商以自有品牌要求製油廠代工。本章將要介紹兩家以油起家的企業，分別為「大成」和「頂新」。兩家企業成立時間相近，也在相近的時間點選擇進入中國，大成集團最早在1988年到中國大陸進行投資考察，之後在東北瀋陽設立基地，結合工廠、農民和基地，開拓中國市場。頂新則在1989年於北京成立「頂好制油公司」，以「來自臺灣的食用油」建立形象。

一、大成集團

(一)企業文化與傳承[1][2]

1. 大成企業文化

大成與頂新兩間企業面臨了社會變遷、市場競爭、新品牌、新油品不斷推出、以及經濟景氣不佳等因素，藉由加強核心競爭能力或降低風險來進行企業的多角化。其中大成以「誠信」、「謙和」與「前瞻」的經營理念，進行轉型，以一條龍的垂直整合策略向下紮根，建立產品鏈上的全程追溯，成為農畜業中值得信賴的夥伴；頂新則以「誠信」、「務實」與「創新」的經營理念採用相關與非相關多角化，讓企業版圖不斷向外擴張，成為海峽兩岸數一數二的大集團。

大成的創辦人韓浩然先生，一直把「滿招損，謙受益」當作處事的座右銘，他總是諄諄告誡幾個子女，凡事均不能投機取巧，一定要規規矩矩做事，實實在在做人，此外一定要懂得謙虛，不可驕傲自大，更不可自滿。因此他以誠信和謙和的心對待人，並將這樣的理念傳承給韓家四兄弟（韓家宇、韓家宸、韓家寰、韓家寅），大成也慢慢開啟公司的事業版圖。其中「誠信」讓大成的承諾能完全實踐，因而贏得消費者及股東大眾的支持；「謙和」使大成能低身傾聽客戶內心的聲音，瞭解以客為尊的重要性，進而轉化成具體的產品與服務優勢；「前瞻」使大成能洞察趨勢，在專業誠信中積極佈局全球。大成長久以來就是用這樣的精神在發展事業，這也讓大成可以在第一個50年，成為兩岸農畜業的領航者，而大成企業的成長大約可以分成「創業維艱」、「根基初奠」、「產業深耕」、「飛躍大成」等四個階段。

1 大成集團網站「企業沿革」：http://www.dachan.com/index.action

2 王梅，1999，《糧畜巨人大成集團的故事：家家鍋裡有隻雞》。臺北：天下雜誌。

2. 創業維艱（1957~1973）

1957 年時，在當時物資缺乏的年代，創辦人韓浩然先生以誠信的精神成立了「泰東農產加工廠」，在炎熱的蒸氣廠房與揮汗如雨的場景中，他們就這樣壓出一片片黃橙芳香的豆餅。豆餅除了可以當肥料還可以當飼料，這一片片的豆餅也開啟了大成的事業。在 1961 年時，大成接辦位於高雄南梓的「長城麵粉工業股份有限公司」，於 1965 年在臺南永康增建飼料廠，產製各種「富農牌」完全飼料，並自設畜牧場進行飼養試驗。隔年公司改名為「大成農工企業股份有限公司」，1973 年與其關係企業：「長城麵粉廠」合併，改名為「大成長城企業股份有限公司」。在當時臺灣的飼料全部依賴進口，而大成所提供的飼料正好可以填補市場的缺口，趕上了臺灣畜牧業發展的大好時機，因此發展出大成集團現在事業的雛型。

3. 根基初奠（1974~1996）

雖然大成在 1971 年就已推出「大成牌」高級沙拉油，但一直到 1974 年，因為小包裝的沙拉油上市，其中五滴油的商標和強而有力的廣告口號才讓消費者留下深刻的印象，大成也慢慢在民生大宗物資的榨油、麵粉、飼料行業中逐步奠定其發展基礎，並於 1978 年營運屢創佳績，同年大成股票也公開發行上市。

1989 年，為提高區域競爭力，大成在印尼成立「金大成水產事業」，從事冷凍食品、蝦飼料生產事業，之後在中國東北瀋陽設立基地，並在遼寧省成立飼料廠、廣東省蛇口設立麵粉廠。

大成在 1989 年成立「家城公司」並取得「Burger King 漢堡王」代理權，以擁有漢堡王經營的關鍵核心能力及獨特的火烤優勢，希望讓「漢堡王」的美味遍及臺灣，於 1990 年在臺北的中影文化城成立第一家臺灣門市。大成也藉由這樣的合作，加強自己在餐飲事業的實力。

大成集團在 1996 年成立了餐飲服務群之「都城公司」，並新增連鎖餐飲系統，奠定了大成企業從產地到餐桌的事業範疇。大成透過吸取世界級連鎖餐廳經營之品管、教育訓練、服務、標準操作等經驗，提升各個大成餐飲品牌之品質。

4. 產業深耕（1997~2007）

1997 年，大成剛開始進入中國時，因為競爭對手相對少，再加上中國法令鬆綁，因此選擇以大陸糧食主要產地的東北為基地，在中國東北成立農牧公司。隔年在大連成立「大成食品大連公司」，之後大成持續投入農畜業生產飼料，接著往下布局，發展出一套養雞垂直整合模式。同時，大成也引進「日本丸紅商社」成為大成食品的大股東。

2007 年，大成集團轄下東亞事業群之控股公司以「大成食品（亞洲）有限公司」之名，成功在香港公開上市發行。此時企業版圖東起臺灣，北至黑龍江省、南至越南、馬來西亞、印尼等國，西至四川省。大成除了在農畜產業深耕、加值，也讓食品餐飲集團發展更為完備，讓大成可以從上游到下游，完成產業經營一條龍的管理。

因世界各國對亞洲市場興趣濃厚，再加上臺灣民眾儲蓄率高、消費能力強，經濟環境相對穩健，2007 年美國「漢堡王」總公司十分看好臺灣市場，因此擴大與大成的合作關係。大成與「漢堡王」的關係也由代理轉向合資，這也打破漢堡王 50 多年來慣例，在美國境外成立的第一家合資公司，加速臺灣「漢堡王」拓點，更一同進軍中國大陸。

5. 飛躍大成（2008 迄今）

2008 年，大成堅持食品安全，建立高品質且負責任的食物供應鏈，成立了大成品檢中心，並在 2009 年成立「大成生技公司」，目前集團組織已依區域、營運項目分為五大事業群：以臺灣農畜、食品事業為主的基本農畜事業群；以中國大陸、越南、馬來西亞的農畜和食品為發展的東亞事業群；以大中華地區麵粉、烘焙為發展基礎的麵粉事業群；發展亞太地區連鎖餐廳及商場規劃營運的餐飲服務事業群；以及培育集團明日之星的前瞻事業群（見圖 5-1）。

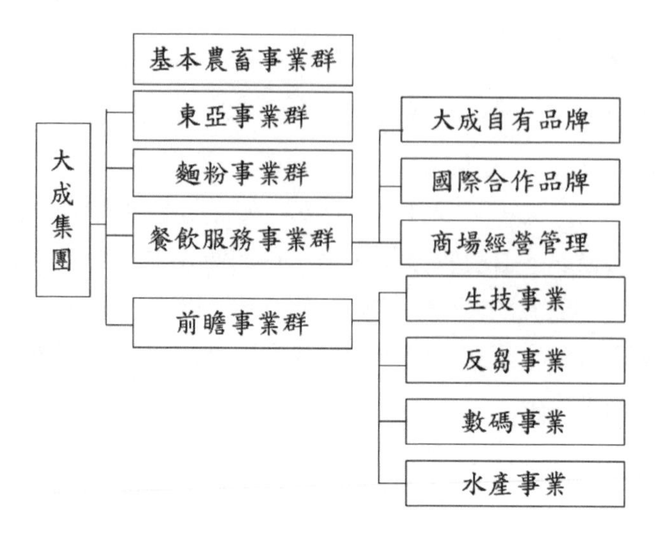

圖5-1　大成集團事業群

資料來源：大成集團網站：事業群介紹，作者自繪

（二）品牌經營與創新[3]

大成的企業文化是「誠信」、「謙和」和「前瞻」，大成在品牌的經營與創新上，則希望為消費者的健康努力，建立產品鏈上的全程追溯。大成將自己定位在提供消費者全方位動物蛋白質，全程用心把關，讓消費者吃得安心。所以從農場到餐桌，透過全程詳細的產銷履歷，嚴格控管，期許給與消費者美味、安心、健康食品的承諾，並成為消費者值得信賴的夥伴。

大成的蛋白質產業鏈首先從飼料開始，因為大成飼料所需的原料無法自給自足，所以自國外進口大豆、酒糟、微量元素等原物料。其次是生產控制與科學研究，大成建立了科學研究實驗室，與其他飼料廠不同的是，大成不只把飼料分成雞飼料、豬飼料等，更按照雞不同的年齡劃分飼料，因此大成所飼養的雞可以有更好的品質。

大成認為肉蛋奶動物蛋白質產業從最源頭的飼料到飼養，孵

3　大成食品安全競爭力網站：http://www.dachanfoodasia.com/tc/newsroom_reports_details.php?id=19

化、電宰、食品加工、運輸、倉儲等，有著很長的產業鏈，而且每個環節中有很多細微的小步驟。如果一個環節沒有妥善控制，就會對下游造成很大影響，風險性很高。大成為實現每個環節無縫接軌，從2006 年就開始不斷對這個系統進行升級和改造，並通過對基礎飼養流通環節的技術改造，增加基層駐點獸醫和品質檢驗人員，增設100 個中央控制點，以收集傳輸肉雞產業鏈各環節資訊，最終實現網路互動，實現了全程無縫隙的控制。

種雞廠和孵化廠也是大成蛋白質產業鏈中非常關鍵的一環，大成的種雞廠藉由電腦來控制所有通風、飼料、光照、溫度，比如雞舍內的溫度、濕度等發生變化，窗戶會自動調節。種雞廠出來的蛋經過精心挑選和消毒處理後，才會將之送到孵化場。

當種雞進入孵化區後，一顆種蛋要變成一隻健康的小雞，大約需要經過40 個步驟，而且每個步驟和其他養雞廠相比會採取更高，更嚴格的標準。當小雞孵化後需要經過疫苗註冊才能送到養雞戶手中。大成對於這些簽約戶在飼養條件、飼養水準等均有很高的要求，比如大部分的養雞場被要求選址位於三面環山的平地上，而且往往是人煙稀少的位置。

大成對於養殖過程相當重視，因此每個環節都有嚴謹及相對應的交接單和手續需要填寫。比如種蛋進入孵化場後，需要將挑選步驟填入一張入孵卡，卡上的資訊需要詳細記錄蛋的背景資訊，以便追溯查源。此外，大成實行「統一供雛」、「統一供料」、「統一防疫」、「統一收購」、「統一加工」的五統一政策，來確保農戶產品的品質與安全性，這也就是大成精心打造的蛋白質產業鏈一條龍的經營模式。

2001 年起大成為了加強產業鏈，因此建立大中華地區大宗物資及農畜食品的 B2B 交易平台「中華食物網站」，這個電子平台提供畜牧原料、麵粉、油、肉品等交易資訊，緊密結合各個交易環節，形成一條龍的交易模式。藉由此平台可以精準地計算每日營收，也可精確掌握市場動向。透過這個平台，大成可以非常清楚地掌握各地的行情與市場，進而精確地把市場分類，可以把一隻屠宰後的雞有效分類切割，並分別外銷至不同地方。

目前在中國和臺灣市場，大成已完成肉雞垂直整合，配合縝密的品管手續層層把關，確保產品百分之百無用藥殘留，大成在臺灣擁有三座國家級實驗室，均經 TAF（Taiwan Accreditation Foundation）認證，在大連也擁有國家實驗室一座。大成一直致力於將其飼料、肉品與食品加工品通過 ISO 22000（食品安全衛生管理系統認證），以加強食品鏈上游及下游組織的溝通，經由食品供應鏈管理，降低風險及提升效益，提供消費者安全的食品。大成也將這樣的成功經驗，移植到更多農畜食品。

大成花了大量成本和時間，建立健全而嚴格的產業鏈，也正因為這樣的體系才讓大成有能力保證食品安全。當兩岸暴發禽流感時，大成的養雞場及雞肉加工，均未受波及，國際客戶在面臨食安風波下，可以放心選擇大成企業。大成藉此創新模式成為其他企業之標竿，並推動整個產業的進步。

（三）組織管理制度

大成董事會致力於提高企業透明度，並提升大成企業管治標準。目前由董事會主席領導的董事會，帶領着大成制訂公司營運方向，其職責包括制訂長期策略、業務發展目標、評估管理政策成果、檢核管理層級表現、及定期確保風險管理措施的有效實施。大成之董事會定期舉行會議，檢討相關經營表現，並討論及制訂未來發展計畫。大多數董事親自或以其他電子通訊方式出席定期董事會會議。董事會相信良好的企業治理有利於維繫與僱員、經營夥伴、股東及投資者的緊密及信任關係，其公司之組織圖及各部門工作重點，如下圖 5-2 及表 5-1 所示。

大成企業為了讓組織在運作上更有彈性，在某些部門採用矩陣式組織，這樣的結構具有靈活、高效、便於資源共用和組織內部溝通等優勢，大成可以藉此將企業中各個部門更有效的結為一體。在績效考核的部分，也希望可以利用類似平衡計分卡的方式多方面來衡量公司的財務、顧客、內部程序與員工成長，因此公司對於員工的學習成長相當重視，這也有助於組織的創新能力。

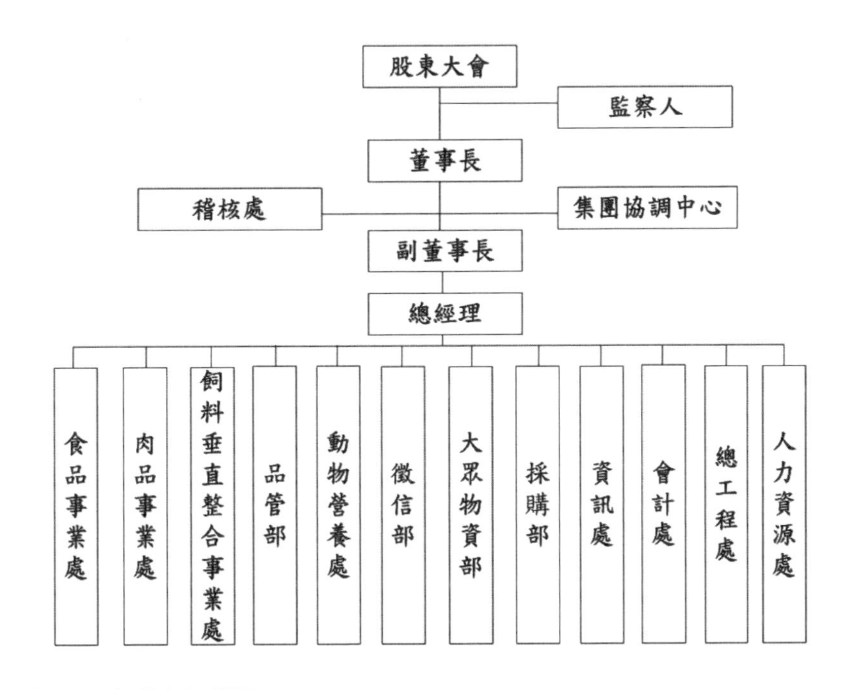

圖 5-2　大成之組織圖

資料來源：2014 大成企業社會責任報告書，作者自繪

表5-1 大成組織分工

集團協調中心	負責協調企業各大集團營運規劃
稽核處	確保內部控制制度能有效率持續運行、強化公司治理、及建立企業風險評估及風險管理機制
食品事業處	產供部：鮮肉加工之採購與製造 食品業務部：鮮肉加工產品之行銷
肉品事業處	土雞部：土雞契約飼養、電宰及銷售 肉品生產部：規劃鮮肉生產流程及整體運作的方向和策略 肉品業務部：鮮肉銷售策略之擬定 飼養契約部：肉雛雞調度、白肉雞契約飼養及買賣
飼料垂直整合事業處	研發部：產品配方設計、產品技術售後服務及新技術、新產品開發 飼料生產部：負責飼料產品之製造 飼料業務部：負責飼料產品之銷售 豬場：種豬飼育、小豬飼育及調度、肉豬契約飼養 蛋品部：蛋品銷售
品管部	原料及成品品質檢驗及落實 ISO 制度之執行等
動物營養處	飼料配方、動物營養及獸醫服務
徵信部	客戶之徵信、應收帳款催收及風險管控
大宗物資部	原料採購及運輸、油粉生產、銷售
採購部	玉米採購、工程發包、五金雜項等委辦事項之採購及送修等作業
資訊處	資訊軟、硬體之架設及維護、協助 ERP 之規劃及建構
會計處	會計資訊彙整、股務作業及資金控管、經營績效分析等
總工程處	新廠、委辦工程的規劃設計及監造等相關技術服務
人力資源處	規劃人力資源整體發展、教育訓練及知識庫管理

資料來源：2014 大成企業社會責任報告書，作者自繪

（四）國際化事業版圖[4]

大成多角化的歷程，和其企業成長一樣可分成四個階段，從第一階段「創業維艱」期，由一家豆餅工廠經擴充與購併相關廠家成為一家飼料、油脂、麵粉的農畜公司。第二階段「根基初奠」期，大成採用水平多角化經營策略，與國外合作深耕於速食產品，積極向消費食品擴展，並藉由農畜公司擴充成為農畜、食品公司。第三

4 大成集團網站事業群介紹：http://www.dachan.com/index.action

階段「產業深耕」期，大成採垂直整合策略，將主力產品之飼料往下游的養雞、電宰雞、鮮肉、鮮肉加工、西式速食店與食品業合作，發展所謂「肉雞垂直整合」的一條龍策略。第四階段「飛躍大成」期，大成經過第三階段的垂直整合成功，以此模式國際化，積極向大陸、越南、馬來西亞、印尼等地擴充。

大成集團邁向全球化公司的策略，在於透過與全球頂尖企業夥伴合資或形成策略聯盟體系，來加速全球化佈局的速度，降低新領域發展的經營風險，掌握全球主要客戶、供應商、及同業等不同社群的利益及立場，整合彼此間相對優勢，進而發揮綜效，並創造雙贏。大成為提升產品競爭能力，在各個區域市場持續深耕，不斷開拓新產品，提高附加價值，增強顧客服務及市場需求的導向，順利由區域性邁向國際化競爭的格局。

大成集團建置完整供應鏈及全球運籌機制，從各地開拓採購來源，在產業價值鏈上建立「成本」及「速度」的競爭優勢。大成集團整合旗下公司在各區域的產業資源，透過全球採購的機制，使飼料、肉品、食品三大環節緊密相扣，這個全方位的食物鏈架構，讓大成由源頭的黃豆、玉米等植物蛋白原料，經過專業營養配方後生產成為飼料，提供客戶用來飼養動物，轉化為各種肉品的動物蛋白，經過電宰、加工熟食處理、物流配送，成為我們的美食佳餚。在動物營養產品方面，大成現已成為兩岸最大的肉雞供應商，並朝向亞太區第一品牌的目標前進。

大成為順應時代需求，提升經營領域，創造企業新契機，於2001年正式成立「大成生命科學研發中心」，秉持ACE（Animal、Consumer、Environment）共利原則，從事生命科學的研究開發，專注於畜牧產業與水產業的「優生育種」、「營養飼料」、「飼養管理」、「疾病防治」、「食品加工」與「環境保護」等六大重要的領域，掌握消費與市場環境趨勢，開發具自然、健康、營養、環保、及經濟效益訴求的生物科技產品，而目前大成的跨國營運項目分為五大事業群，如前圖5-1所示。

1. 基本農畜事業群

大成的農畜事業經由種雞選種、飼養、孵化、契約飼養、飼料生產、營養配方、飼養指導、肉雞電宰及加工等一系列肉雞垂直整合，使消費者可以安心的選擇，目前也將成功的家禽經驗，積極拓展到肉豬、土雞、蛋雞及水產養殖等領域。

有鑒於臺灣養豬產業不斷進步，基本農畜事業垂直整合的第二項為肉豬事業。目前大成在臺灣擁有四座專業豬場，分別位於里港、鹽埔、新埤、關廟。藉由育種改善、提供優良豬種，結合農民肉豬契約養殖，導入多點式與統進統出管理，改善飼養成績，提升產業國際競爭力。

基本農畜事業群一直致力於推動完整的產銷履歷制度，從育種、飼料管理到末端的食品製造，都有很嚴格的品質管理與監控，讓消費者能享用安心、安全的食品。基本農畜事業群也將累積多年的研發技術經驗分享給集團其他事業群，並致力新產品開發、藉由品質管理與客製化服務，持續加強其領先的市場地位。

2. 東亞事業群

東亞事業群於2007年在香港上市，主要致力追求品質優良、食品安全及高衛生標準的企業，至今已成功發展為中國市場的雞肉、加工食品及飼料市場的重要企業。東亞事業群目前已陸續在遼寧、天津、山東等12個省市擴點，營業領域涵蓋飼料、肉雞一條龍垂直整合以及食品深加工等。東亞事業群所生產的高標準肉品品質讓大成得以成為中國大陸知名速食連鎖店「肯德基」、「德克士」的肉品供應商，也是「日本伊藤洋華堂」及「7-11連鎖便利店」在中國最大雞肉產品出口商。

2009年，東亞事業群正式啟動「來源透明」食品工程，推出「姐妹廚房」雞肉食品品牌，擁有從農場到餐桌進行全程追溯的食品安全管理系統。東亞事業群採用高度垂直整合業務模式，讓公司可以有效追查來源及保證產品的品質，從而實行嚴格的品質控管及衛生管理，確保所有產品的品質及安全。

3. 麵粉事業群

1961 年大成集團進入麵粉製造領域，目前在臺灣與「國豐公司」合作經營「國成麵粉廠」，市場上以「鐵人牌」與「長城牌」為主要麵粉品牌，在臺灣烘焙市場獲得一致好評，高品質優質麵粉也供應集團烘焙相關門市及外銷至香港等地。

1990 年大成開始在中國大陸發展麵粉事業，曾於廣東蛇口、河北天津設立工廠。1994 年於上海、天津設立「季諾烘焙坊」（Gino Bakery），並與「日本敷島公司」合作在臺北、上海等地成立「岩島成烘焙」（Gino Pasco），其精美麵包及糕點，廣受消費者高度肯定。為使麵粉事業具有世界水準的產品製作，大成特於上海、天津設立產品製作、開發及研究的研發中心。為強化產品開發能力，大成亦提供各種訓練，培養專業烘焙人才與優質的產品，達成讓顧客更滿意的目標。麵粉事業群為向下游發展，於2003 年與「日本昭和公司」合作，於天津成立「大成昭和食品公司」，進入專業裹粉領域，生產高科技專用裹粉，提供高級食品工廠食品加工之用。

2007 年與「日本丸紅」及「上海良友集團」成立「大成良友（上海）食品公司」，因其擁有先進的設備與絕佳的地理環境，後來成為「天津狗不理包子」、「全聚德」與「鼎泰豐」等餐廳的麵粉供應商。在烘焙餐飲連鎖業與各大食品公司支持下，大成所生產的麵粉也在華北及華東地區的高檔專用麵粉中建立起好口碑。

4. 餐飲服務事業群

大成餐飲服務事業群分為三大系統：自有品牌經營、國際品牌合作與商場經營管理。

（1）自有品牌

針對中國大陸蓬勃發展的經濟與消費需求，1995 年餐飲服務事業群進入上海，成立「季諾義式休閒餐廳 Gino Café」提供義式風味美食。此外為了營造流行時尚，特別聘請國外專業空間設計團隊，將店面打造成異國時尚氛圍，以因應多變的大眾口味。

大成亦於1996 年成立供應中式麵點與臺灣特色小吃的「大成

家」（Goody House），嚴格的控管食品衛生，以讓消費者安心、簡單、迅速、好味道為目標，成功地打入餐飲市場。

（2）國際品牌合作

大成不斷開發多元風貌的餐飲型態，積極引進國際成功品牌，共同開發大中華地區的餐飲市場，是目前餐飲事業群積極經營的方向。1990 年取得世界主要速食連鎖店「Burger King」之代理權，在臺灣成立「漢堡王」。2005 年與日本「Green House」合作，在臺灣推出日式豬排連鎖餐廳「勝博殿」，其所有餐點食材均經過嚴選，並提供純淨環境飼養的豬肉，以及來自花東無污染的白米，讓消費者對於日式豬排有更好的選擇。

2006 年與義大利米蘭百年高級食品名店「PECK」，合作開設歐式烘焙餐飲，傳承義大利師傅百年手藝，提供義大利傳統麵包與餐點，帶給消費者與眾不同的口感。2007 年與義大利國際知名咖啡品牌 Illy 合作，在臺灣及大陸展店。2009 年大成更與臺灣頂級中式餐飲品牌「鼎泰豐」合作，共同進軍中國市場，在天津設置營運據點。

（3）商場經營管理

三軍總醫院於 1999 年推動全國第一座公立醫院商場之統包案，而大成擁有多家醫院商場經營之經驗，深知醫院市場的需求與潛力。在努力積極爭取各種機會下，大成也開始經營特色商場之開發事業，於 1999 年取得臺北榮總商場經營權。大成所建立的商場管理制度及商家稽核系統，已成為全國醫院商場的標竿與典範。三總及榮總的經營模式，雙雙取得財政部所頒發「金擘獎」的肯定，此獎項為政府獎勵大成參與公共建設，並提升公共建設推動之成效。2012 年創立「好食城」商場品牌，並成功進駐桃園機場二航廈南區餐飲區及北京芳草地購物中心美食街，也積極在臺灣與中國大陸等地設立商店街，擴大餐飲事業經營範疇。

5. 前瞻事業群

大成之前瞻事業群致力培植未來趨勢之新興事業，包括在臺灣、天津研發動物營養生物科技為主的生技事業；以越南、印尼為基地整合魚蝦水產上下游產業鏈為主的水產事業；以牛羊反芻專家自許的反芻事業；以及運用新興網路科技整合農畜食品業的數碼事業。

圖 5-3　桃園機場「好食城」是大成餐飲事業的重要指標（陳家弘拍攝）

（1）生技事業

大成一直以來就把「努力增進人類生命健康」作為企業的使命之一，期許自己能成為亞太區最卓越的農畜產品公司。因此大成生技聚焦於生技飼料的研發，目標是致力於優質蛋白飼料、胜肽飼料、動物用酵素與機能性飼料添加劑等四類產品。大成自2007年起利用生物科技技術，開啟生技營養全新事業。經過不斷測試及產品改良，目前在臺灣已將生技產品運用於家禽、水產等飼料配方。

生技中心在2009年設立，開始研發適合各種動物需求的產品，建立完整的生技產品平台，讓旗下生技品牌「全能生技」在短短四年成為臺灣的重要品牌，並開始外銷，成功讓產品邁向國際。目前生技事業已在臺南及天津設廠，大成不斷精益求精，提升營養並符合目標動物之需求，以創造產品價值。

（2）水產事業

隨著世界經濟的發展，民眾越來越重視其生活水準與健康意識，消費者對於水產品之需求，亦跟著逐步提高。然而海洋資源因日益嚴重的污染及人類過度捕撈，天然漁源已日益減少。因此大成利用現代化科技與管理，以提高水產養殖量，彌補天然產量之不足。東南亞因為擁有得天獨厚的遼闊水域，及有利於魚蝦生產的自然環境，適合養殖事業之發展。大成集團自1989年起開始在印尼從事水產事業，經過20餘年努力，大成已建立完整的通路與良好商譽。隨著人們消費安全意識之提高，對食品生產履歷及產品溯源之要求亦更加嚴格。大成取得國際相關專業認證後，結合印尼蝦苗場育苗，進行草蝦、白蝦契約養殖，以及水產品加工產銷，成功地將越南及印尼等國之水產事業，垂直整合成一完整的水產產業鏈。

（3）數碼事業

大成以現代資訊科技設立「中華食物網」，為一立足於大中華地區，服務全球農糧食品市場的線上B2B電子商務公司。中華食物網並不僅是一個提供網上交易的電子平臺，亦提供各種針對農業供應鏈而設計的配套服務，持續地創造、提供網上交易的服務，亦稱之為BSP（Business Service Provider）的業務模式。在BSP業務模式中，中華食物網扮演服務提供者的角色，讓買賣雙方可以在網上即時交易，達到最佳效率。這些服務包含市場資訊、科技相關諮詢、物流支援、金流與商務管理等，也提供政府與各界協會的政策輔導。

（4）反芻事業

草食性的反芻動物（如：牛、羊），其消化過程在四個相連的胃中進行。當食物進入第一個胃（瘤胃）時，食物便開始發酵，粗糙的食物會再次回到口中咀嚼地更細，而咀嚼後的物質再次吞嚥而和發酵的物質混和，然後再送到其他的胃裡，因此大成將反芻動物所吃的飼料視為反芻事業。大成於2003年與「美國藍雷公司」（Land O'Lakes）合作成立「大成藍雷公司」，現已在臺南、北京、天津設立專業反芻飼料工廠。大成藍雷嚴格的品質管理與結合中美的研發實力，為兩岸各大牧場提供了優質飼料和完善的技術服務。

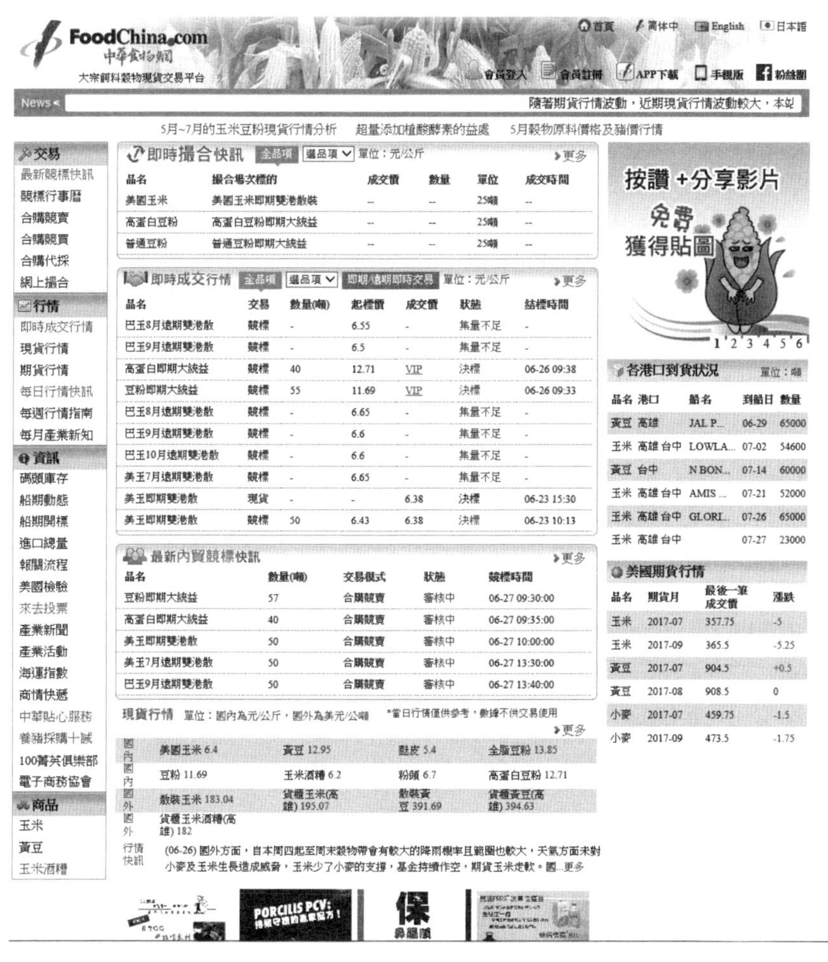

圖5-4　中華食物網網頁

資料來源：取自中華食物網網站：http://1058520.wit.com.tw/

（五）小結

近年來在食安風暴下，消費大眾越來越重視食品安全，大成以「誠信」、「謙和」和「前瞻」的經營理念，透過垂直整合與供應鏈管理方式，致力於產品附加價值的提升與食安風險的控管，進而增加其營運效益，從最源頭的飼料、飼養、食品加工、運輸到倉儲等，做到追本溯源，以確保農戶產品的品質與安全性。再者，大成透過設置三座 TAF 認證之國家級實驗室，加強食品鏈上游及下游組織的合作，運用生物科技技術改善養殖環境與專業飼養技術，協力創造農畜食品產業價值最大化的同時，亦兼顧了環境的永續性。

二、頂新集團

（一）企業文化與傳承[5][6]

1. 頂新企業文化

頂新魏家四兄弟之父：魏和德生於1921年，因其父英年早逝，導致魏家家道中落。第二次世界大戰後，魏和德與其四弟魏維德共同經營「新成美藥材行」，在當時由於他們成功研發出一款切藥材的機器，致使產量大增，家庭經濟才逐漸好轉。魏和德熱衷服務鄉里，並出錢出力協助修廟。在當時，魏和德的言行舉止也深深地在子女心中建立了「以德傳家」的風範。當然魏和德在經營事業時的想法及身教，對於魏家四兄弟日後在企業經營方面的觀念及思路影響極為深遠，也樹立了頂新的企業文化，包括「長存感恩心」：當別人提供服務時，應該要心存感恩的說謝謝。「誠信務實，童叟無欺」：秉持誠信務實，不欺騙消費者為經營之信念。「不找錢尾」：與人交易寧可吃些小虧，也不可佔人便宜。

魏和德也以「種子」自喻企業的經營理念，認為企業要從一粒種子開始孕育出人類美好生活水平，期許落實在各地茁壯成長，開花結果。企業承襲了魏和德的精神，也慢慢發展了公司的事業版圖，其中「誠信」、「務實」與「創新」是頂新企業文化很重要的部份。頂新用這樣的精神，將其事業版圖跨足食品製造業、流通事

5 康師傅股份有限公司網頁，2002，〈從方便麵起家的頂新王國〉。取自：http://www.masterkong.com.cn/big5/trends/news/LatestInfo/20030102/8.shtml

6 楊仲源、李孟君，2012，〈頂新國際集團之產業文化與發展變遷：永靖魏家，揚名國際〉。收錄於《2012年彰化研討學術研討會：產業文化的變遷與發展論文選輯》。

業、餐飲連鎖事業、通訊業等，成為立足於兩岸的指標企業。

2. 繼承家業，進軍中國（1959~1989）

1959年魏和德在臺灣彰化鄉村開辦了一家小油坊，命名為「鼎新油廠」，由他與妻子二人共同創業，帶領全家經營一家生產食用油的油脂廠。魏家上下共九人，全家人奮力辛勤分工合作，共同經營這個工廠。「鼎新油廠」於1974年擴大規模更名為「頂新製油實業有限公司」，以生產篦麻油為主。在此時頂新還沒有很好的發展，仍維持著家庭中小企業的規模。直到1989年，魏家四兄弟中的魏應行先生身負家人重託，從香港轉道至中國，不斷在各省之間輾轉，足跡幾乎踏遍全中國。魏應行發現，當時大陸市場幾乎全是散裝油，並不重視商品品質和品牌。而魏家事業原本就是油坊，他認為可以在中國開發一款食用油，因此決心開發「頂好清香油」，並於北京成立「頂好制油公司」，以「來自臺灣的食用油」來建立形象。

3. 雷聲大雨點小，面臨危機（1990~1991）

頂新在1990年成立清香油事業，當時在中國正播出臺灣紅極一時的電視劇《星星知我心》，因為當時女主角吳靜嫻一句「用頂好清香油，頂有面子」在電視上不斷播放，其廣告台詞深入人心，讓大家對於頂好清香油有很好的印象。但在當時名聲雖好，卻因為大多數消費者在連吃飽都成問題的情況下，一瓶十幾塊人民幣的清香油，價格遠遠超過大陸民眾可負擔的範圍，以致頂好清香油在市場上的業績一直沒有起色，最後只好全面回收。後來魏應行又推出一款把美味和營養捲起來的「康萊蛋酥卷」，和另一種蓖麻油產品，雖然這兩種產品的廣告都很出色，但同樣犯下了高估消費市場的錯誤，銷售量依然一蹶不振。

4. 化危機為轉機，遇見曙光（1991~1994）

因為前幾項產品經營狀況不佳，魏應行經常在中國大江南北奔波找尋商機。因緣際會之下，他嗅到了方便麵（泡麵）的市場契機。因為在中國搭乘火車通常需要很久的時間，所以魏應行總會從臺灣帶方便麵在火車上吃，這樣的舉動也吸引同車人圍觀好奇，甚至詢問何處能買到，因此他也慢慢有了開設方便麵廠的念頭。在吃了前面幾次錯估市場的虧後，經驗不足的魏應行這次不敢貿然行事。他先和助手一起進行了詳細的市場調查，發現在當時中國市場上只能買到兩種方便麵：一種是進口的泡麵，民眾可在機場飯店等地買到，卻因價格偏高而難於推廣；另一種是價格極其低廉的袋裝麵，價格雖便宜，但口味並不好。因此在當時的中國市場上並沒有一款真正適合老百姓的方便麵，也因此魏應行決定在中國方便麵市場上再賭一把。

1991 年適逢天津科技開發區招標，魏應行在區內註冊了「頂益食品公司」。他經過事先詳細的市場調查後，確定了最適合大陸人的口味。頂益食品投入當時所有的資本準備生產康師傅紅燒牛肉麵，只是在當時為了要設立工廠，魏應行在租完地、蓋完工廠後，已無法購買機器設備，因此從臺灣緊急調來一部分生產設備。除預先收取廠商對產品的訂金外，對於設備製造廠商全以延後付款的方式支應。在如此背水一戰的情況下，總算開始了方便麵事業。

資金問題雖以延後付款方式暫獲解決，但在生產時又有新的問題。方便麵裡的油料包因要把液態的油料裝進塑料袋裡，並非想像中的那麼容易：溫度太高油料就融化掉，太低又會影響口味。面對此次生產危機，魏應行特別請長兄魏應州協助，最後終於把油料裝進了塑料包。

有了過去失敗的經驗，此次魏應行也專門從臺灣請來行銷專家，對市場反復進行調查。這次的宣傳有別於過去兩次的真人廣告，改用了一個較短的電視廣告，並採用一個相對好記住的動畫人物，並使用「師傅」這個詞以顯示其專業。姓氏方面則取用「健康」的「康」字，以塑造「講究健康美味的健康食品專家」形象。

這次在中國為了要迎合觀眾的心理，「康師傅」主打來自臺灣的紅燒牛肉麵，口味濃郁、份量足夠的特點，廣告臺詞則使用「香噴噴，好吃看的見」。在當時因為廣告費用不高，頂新決定展開

「康師傅」的大規模廣告攻勢，選在中央電視臺放映臺灣電視劇前的黃金時段播出。「康師傅」的廣告一經推出，立刻打響知名度，各地開始注意「康師傅」，也掀起消費者購買「康師傅」的流行風潮，這個廣告後來也成為許多臺灣品牌攻占大陸市場的參考案例。

圖 5-5 引起風潮的康師傅泡麵（陳琬婷拍攝／政大中國大陸研究中心授權）

因為「康師傅」的成功，引起消費者的搶購，出現了中國的批發商寧可提前付款也要先行訂貨的場面。面對供不應求的熱銷，頂新也投入更多資金，於1992年將其生產線上的工人從300多人增加到3、4,000人，並將生產線擴大至天津之外的多個城市。「康師傅」暢銷中國，也讓它在1994年獲得中國首屆優良國產速食麵食品獎，更加奠定頂新在中國方便麵市場上的地位。

5. 多角化經營，尋求利基（1995~2013）

1995年頂新成立「天津頂園」，開始涉足糕餅事業，同年更獲選為中國最佳形象之企業。頂新搭上大陸經濟發展的順風車，迅速壯大，展開相關與非相關多角化經營。1996年，頂新大舉擴張，先在杭州設置第一座飲料廠，跨足飲料生產。接著又在天津設置糕餅廠，踏入零食領域。同年，頂新又併購大陸本土速食店德克士，進軍西式速食業。

1997年，頂新與「南僑」合資在天津成立「頂好油脂」，在中國重拾食用油本行。1998 年，頂新開始將勢力自中國擴及臺灣，返臺入主老牌食品大廠「味全」，是頂新宣示進入臺灣食品市場重要象徵。頂新除利用味全的資源在臺灣大舉拓展食品通路，也開始將「味全」引進大陸，生產銷售乳品、調味料及飲料。

2001 年後，頂新朝大陸連鎖零售通路進軍，透過「日本伊藤忠商事」，取得「日商全家便利商店」在大陸的經營權。如今頂新集團除了「康師傅」招牌位居大陸食品業龍頭，更於2011 年買下百事可樂在大陸所有工廠，以供產銷，插旗碳酸飲料產業，還成立「頂基地產」，在兩岸跨足房地產開發。2013 年頂新更於臺灣創立「臺灣之星移動電信」，在取得行動寬頻業務（4G 行動電話）執照後正式跨足通訊業。

6. 面臨危機，從「心」出發（2013 年底至今）

2013 年10 月，頂新集團旗下的頂新製油公司被查出向大統長基食品公司購買含銅葉綠素的食用油品。隔年9 月，頂新集團旗下的正義公司與味全公司因使用強冠公司採購之劣質油，引發臺灣一系列食品業者被查獲以摻假方式生產食用油的事件（又稱黑心油事件），進而引起臺灣社會大眾關注，讓頂新一夕由紅翻黑，更引爆了全民的「滅頂行動」。

許多臺灣民眾號召社會以更具行動力的方式來抵制頂新旗下產品，藉以達到懲戒頂新之效，也發起「頂新不倒，食安不好」的遊行，希望社會大眾可以面對食安問題，也讓大家對於相關議題更能具備責任感。值得注意的，民眾認為味全是頂新的一部分，許多網友也開始抵制貝納頌、每日 C 果汁等味全產品。其中大眾利用好市多生鮮食品「退貨就銷毀」機制，購買味全旗下的林鳳營鮮乳，並以當場秒退的方式來滅頂，在當時也成為媒體、民眾關注的議題（參照第三章味全個案）。

在中國方面，中國官方在黑心油事件爆發後，廈門海關開始退運味全產品，停止進口正義公司相關油品，中央電視臺也以長達六分鐘的篇幅報導頂新黑心油事件，更直接點名頂新是「康師傅」的母公司。抵制頂新的風潮已由臺灣燒到中國，頂新集團在中國的康師傅方便麵、德克士炸雞、康師傅私房牛肉麵等品牌商品，也面臨生存危機。在此情況下，頂新內部意識到事情的嚴重性，集團大董魏應州、四董魏應行迅速動用人脈，企圖在第一時間做好風險控管與危機處理，用「切臺保中」的方式來聲明兩邊的原物料供應鏈完全是獨立運作，避免產生連鎖反應（林哲良，2014）。

頂新在這次事件後，更瞭解到食品安全的重要性，主動提供30億元供作食安基金之用，但並未有機構承接。另一方面，更從原料和品質上加以控管。旗下的公司為了要提供顧客更安心的產品，將食品資訊透明公開作為產品與消費者溝通的基本原則。味全更持續執行產品溯源、原料簡單化與品管符合國際標準，除了希望消費者可以瞭解產品從產地到餐桌上的每一個細節，提供消費者充分的產品資訊揭露外，也讓消費者可以吃得安心、吃得幸福。

（二）品牌經營與創新

頂新國際集團創立迄今，秉持著「誠信、務實、創新」的經營理念，以人為本、以客為尊，不斷開發「物超所值」的優質產品與服務，以滿足廣大顧客群，並與上下游夥伴建立互惠互利的策略合作關係。集團事業從草創到成長、從穩健而茁壯，經過20年來兢兢業業地打拼，至今已成為海峽兩岸家喻戶曉的國際級企業集團。

因為中國擁有的廣大市場，當全世界的大企業均進軍中國的同時，對於頂新而言經營品牌也變得相當重要。品牌可以成為消費者寄託的對象，也可以協助資產的累積，因此頂新建立其品牌朝「國際觀」、「中國情」與「頂新人」等方向邁進，其中「國際觀」強調頂新集團孕育其事業，並積極向外拓展，為邁向國際市場的目標而努力。「中國情」代表頂新以華人特有的誠信、互愛與勤奮的精神，不斷深耕以厚植其經營實力，共同開創事業的美好願景。「頂新人」傳達頂新集團以人本思想為基礎的經營理念，同時表現頂新人充滿活力、創新向前的精神。

頂新對於其通路採用「精耕管理」，認為產品從生產到銷售的過程應該要盡量減少通路的層次，當層次越少就越能確保產品從生產到送達消費者手中的時間愈短，消費者得到的品質也會愈高。當通路的層次減少，也會為通路中每位經銷商帶來較高利潤，同時消費者的利益也會提高，這就是頂新通路管理的出發點，希望可以藉由通路層次的減少來提高通路和消費者的利益。原則上頂新集團和通路商希望可以從雙贏的角度出發，也就是和通路培養良好關係，讓公司和員工均能夠得利（劉曉波，2003）。

頂新也不斷對經銷商和經銷商對零售商的服務進行加強，對經銷商的服務表現在幫助經銷商拓展生意，服務其客戶，並根據不同通路能力的客戶，制訂不同的銷售策略。除了安排銷售不同的產品，同時也會針對經銷商不同的客戶提供客製化協助。經銷商對零售商的服務，主要表現在經銷商要有主動配送產品到零售商的能力，因為頂新集團認為配銷是決定通路競爭力的一個關鍵因素。零售商會因經銷商的主動配銷服務而改善頂新集團產品的銷售。頂新集團也與客戶結盟，希望與經銷商結成「命運共同體」達成雙贏的局面。雙方除給予對方承諾，履行應盡的義務外，頂新集團也對經銷商提供銷售支援，讓經銷商可以獨家參與促銷活動，但其販售的金額不能與頂新集團所設定的差異過大（周帆，2005）。

此外頂新集團也執行「一省一廠政策」，也就是頂新在大陸的生產工廠一般均設在各地省會城市的開發區，在建廠房期間會搭配市場調查、投資可行性研究、選址、簽訂等一系列配套措施。從購買土地到施工建廠，從設備安裝到試產大約只需六個月，組織設計、招聘員工等制度也可以很快速的建立。也因為頂新採用這種快速建廠策略，讓頂新的足跡可以遍及中國。

頂新每建立一個新廠，就會尋求集團各地公司的重要管理人員進行支援，讓這些管理者可以將其實踐經驗和專業知識運用在不同地區。除了可以提高管理者自身的能力和經驗，也協助一個新廠建立一套有效率的生產、行銷、管理系統，更為集團培養了一支新的頂新隊伍，使「誠信」、「務實」、「創新」的經營理念深入在每個新成員的心中（劉震濤，2006）。

頂新也積極與世界級的食品企業策略合作，期望在充滿機會的市場中掌握先機，引領行業的健康發展。目前集團旗下包括「康師傅控股公司」、「味全公司」、「中國全家便利店」、「德克士西式快餐」、「康師傅私房牛肉麵」、以及「頂禾開發」等。

2012年，「康師傅」這個品牌連續五年獲得美國知名《富比士》（*Forbes*）財經雜誌「亞洲50強」稱號、同時連續10年登上臺灣十大國際品牌獎。頂新除了持續保有在食品餐飲業的優勢，隨著企業版圖之擴張，也將其觸角延伸到其他產業。20年來集團發展快速不斷擴充，採用相關與非相關多角化經營，並將其經營領域延伸至食品製造、便利餐飲連鎖、地產開發與通訊業等。

（三）組織管理制度

頂新是一個具前瞻眼光的集團企業，他們認為要在世界舞臺上發展，就要將康師傅擴散到世界各個角落，期望成為每一個華人的驕傲。為此，頂新也捨棄過去單打獨鬥的發展模式，運用企業策略聯盟來拉抬企業實力，在經營者尋求擴張的目標下，不斷與世界知名企業交流學習、吸取技術與共享資源，創造雙贏的局面。

頂新集團的組織圖如下圖5-6所示，從圖中可約略看出在組織中集團幕僚是公司的管理總部，其中再分成財務、採購、行銷、管理、人資、法律、物業及公關等部門，這些部門主要任務為統籌與整合集團相關資源，而集團的決策核心由魏家四兄弟所組成的執行董事會來運作，每年八月召開集團方針策略研討會，此研討會由各公司總經理以上參加，主要目的在於擬訂年度計畫，並修正中長期發展策略與計畫。頂新的管理以績效為目標，嚴格控製成本，強調效率與效能，旗下的事業群包括：食品事業、糧油事業、超商連鎖事業、餐飲事業、地產事業、電信事業、物流與相關配套事業等。

頂新各事業群或子公司，設有總經理與TQA（Tasmanian Qualifications Authority）委員會，旗下設有：管理部、財務部、研發中心／品保部、生產部、營業部與企業部等，主管人才大都從外召募，由臺北人資部負責。由於組織快速成長，因此頂新在1998

年於天津成立員工訓練中心，籌劃集團人才培訓各項事務，每年均投入大量人力、物力與金錢來辦理人才訓練，將人才視為公司的重要資產。

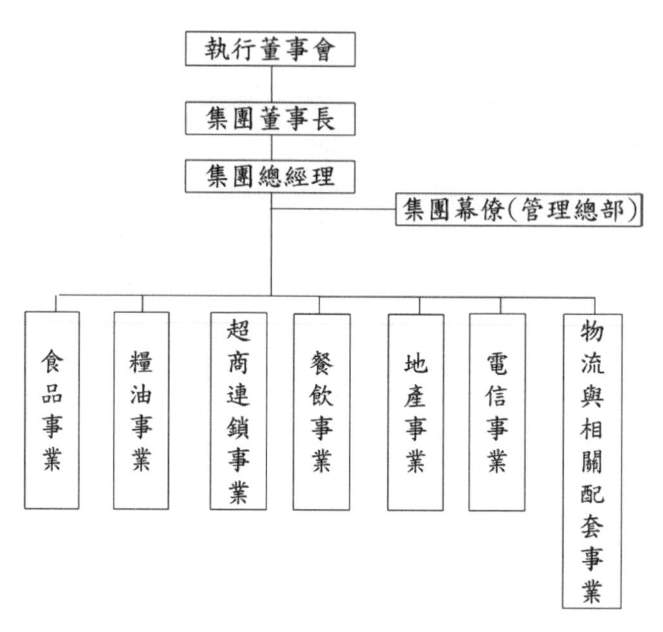

圖5-6　頂新集團組織圖

資料來源：中央社，〈頂新集團總營業額達2.5兆〉，2014.10.14，本書整理繪製

（四）國際化事業版圖

由表5-2可發現頂新集團草創初期採低成本與快速建廠策略，依靠標準化、制度化的作業系統來管理成本控制和建廠速度。因此在建廠時從生產線的安排、原料配方、機器操作皆以標準化方式進行，同時通過ISO 9002（質量體系生產、安裝和服務質量保證模式），也就是向顧客提供生產、服務過程的保證。魏家兄弟親自坐鎮大陸總部，因此許多決議乃採用由上往下的集權式的組織設計。

頂新在整合期採用垂直整合與多角化的發展，除了讓原本組織規模不斷擴大，地理區域也不斷擴散，產品分成方便麵、飲品、糕點、便利餐飲等，分別由事業群總經理負責，群下幕僚單位協調地區公司間之事務。此時在組織設計是採產品事業部與地區結構的混合式結構，而地區公司下再以功能性結構來設計。由於層級較多，技術例行性高，規模又大，是故屬機械性結構。頂新的組織結構具有較高的複雜化與集權化的特性，因此集團總部設有臨時性特別小組，主要工作為處理專案任務，顯示出組織複雜程度相當高。

當頂新集團之營運進入擴張期的同時，他們的策略由相關多角化轉向非相關多角化，跨足營建、量販店、連鎖速食、電信等不同產業。頂新由製造業跨足服務業面臨跨業別環境的變化，組織複雜程度比之前更大，而其企業的地區性也變得更加分散。因此其分工方式也慢慢轉變為分權的方式，總部除了財務及高階人事任用集權，其他均採用分權的方式，從頂新集團組織結構變化可看出頂新從機械式組織逐漸走向有機式組織。

表5-2 頂新集團策略

時期	集團策略	
草創期（1992前）	策略	新市場開發，低成本快速建廠
	進入模式	合資
	資金來源	臺資（香港）
	投資地點	華北
	投資項目	清香油、蛋酥卷、方便麵
整合期（1993-95）	策略	垂直整合，相關多角化
	進入模式	獨資為主，策略聯盟、合資為輔
	資金來源	臺商、開曼島
	投資地點	分散
	投資項目	配套包材、油脂、方便麵、飲品、糕餅、控股
擴張期（1996後）	策略	非相關多角化為主，相關多角化為輔
	進入模式	獨資、合資、策略聯盟、收購
	資金來源	外資、臺資、中資
	投資地點	分散
	投資項目	飲品、調味料、包材、機械設計、製造、工程、速食連鎖、量販店

資料來源：謝屏，1999，《大陸臺商集團企業策略運籌與組織運作之比較研究：以統一集團、頂新集團為例》，作者整理

頂新集團由一開始的新市場開發，向前垂直整合，到相關多角化，最後轉為非相關多角化為主，相關多角化為輔。目前的事業版圖，除了在食品、糧油、餐飲、超商連鎖業外，更跨足到地產、電信等產業，見下圖5-7。

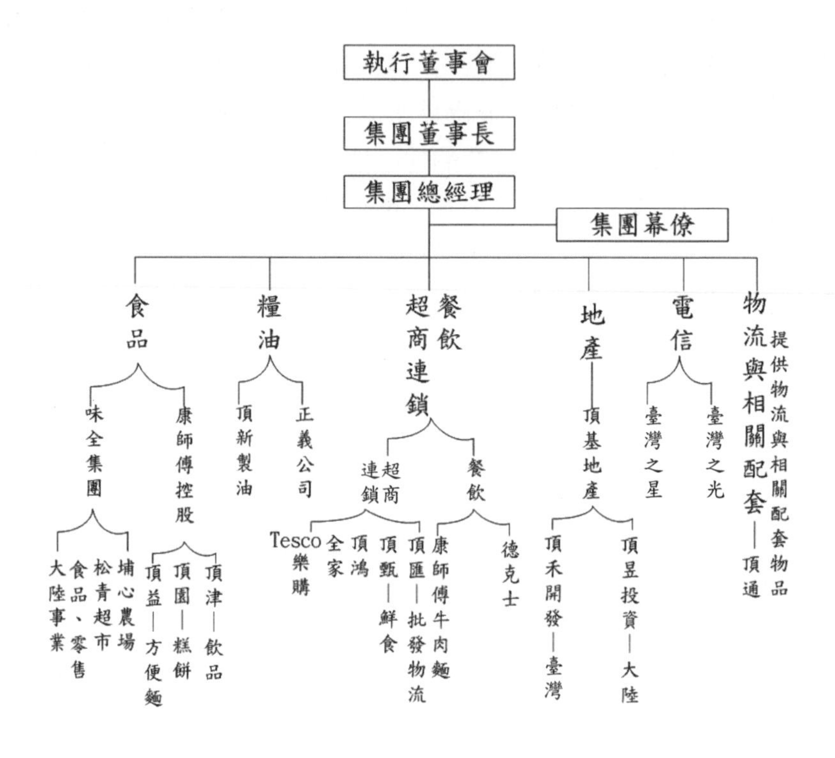

圖5-7　頂新集團旗下事業群／分公司

資料來源：中央社，〈頂新集團總營業額達2.5兆〉，2014.10.14，本書整理繪製

1. 味全（詳見第三章味全個案）

創立於1953年，在1986年味全老董事長黃烈火退休，大房長子黃克銘接任董事長，二房長子黃南圖接任總經理。1988年成立安賓便利商店，但發展初期一直處於虧損，兩兄弟對於持續投入抑或退出市場意見相左，使原先在臺灣便利商店奪得先機的安賓商店最終以退出收場，無法與統一企業旗下的統一超商競爭，兩兄弟失和正式搬上檯面。黃南圖聯合市場派的勢力逼退黃克銘後成為董事長，卻也種下市場派坐大的種子。因為味全內部無法同心協力經

營，再加上接連兩年的虧損，股價低落，在市場上亦有人趁機大舉買進味全股票，並表明希望黃家高價買回其持股。但黃家使用拖延戰，希望以沉重的利息壓力拖垮市場持股者。此時頂新集團計畫將市場轉回臺灣，因此迅速以重金向市場持股者大舉買進味全持股，連同市場上買進，持股已過半，味全的經營權從此主客易位，成為頂新集團旗下一份子。

「味全」目前擁有乳品、米麥粉、飲料、調味品、罐頭食品、營養品等事業，其銷售的產品從傳統食品到最新研發的營養、保健食品都和消費者的日常生活息息相關。「味全」提供各式品質優良的產品與多樣化的口味，其多元而優質的產品早已深入每個家庭。「味全」藉由各事業部門共同努力於產品的創新，並將重心放在食品業上，「味全」也以「誠信負責」、「務實穩健」、「創新向前」的精神，創造企業永續的品牌價值。[7]

2. 康師傅控股

「康師傅」主要業務是在中國大陸製造及銷售方便麵、蛋糕、餅乾及飲料等食品，尤其以方便麵和飲料兩者為主，各占整體業務約45% 左右。「康師傅」早已成為中國家喻戶曉的知名品牌，其底下三大品項產品（方便麵、糕餅與飲品），皆已在中國食品市場占據領導地位。「康師傅」一直將生產安全美味的產品視為食品企業的良心所在，把食品安全風險控制作為公司之營運重點，腳踏實地去做好食品安全保障工作。

3. 糧油事業

魏和德於1959 年成立「鼎新油廠」，主要從事油脂煉製工業。經過16 年的努力經營，已成為國內工業用油脂的主要生產者，為擴大經營領域乃變更公司名稱為「頂新製油實業有限公司」。此外「正義食品有限公司」成立於1969 年，為國內最早從事精製食用油脂一貫作業化的工廠。在1976 年改制為「正義食品工業股份有限

7 取自味全網站：http://www.weichuan.com.tw/About/History

公司」，以擴展業務，採多角化經營，並於1986年成功研發清香油朝專業油脂工廠發展。2014年9月，正義公司因使用劣質油，引發臺灣食安風暴，進而引起臺灣社會大眾關注。

4. 康師傅私房牛肉麵

「康師傅私房牛肉麵」是一家經營中國菜的餐飲連鎖公司，創立於2006年，其創始店位於北京。作為餐飲事業群旗下的一個新型餐飲連鎖業態，「康師傅私房牛肉麵」始終致力於透過提供獨家美味牛肉麵與精緻附餐，讓消費者在優質的環境裡享受五星級的美味，將康師傅私房牛肉麵打造成最具私房特色的現代牛肉麵館。「康師傅私房牛肉麵」憑藉良好的產品、優質的口感和耳目一新的品牌形象，迅速打進中國餐飲業的市場。

5. 德克士（Dicos）炸雞

「德克士炸雞」起源於美國南部的德克薩斯州，1994年成立於中國成都。1996年，頂新集團收購「德克士炸雞」，並投入5,000萬美元。其健全經營體系、完善的管理系統和企業識別系統（CIS），使德克士炸雞成為頂新另一個強勢品牌。由於「德克士炸雞」採用特殊的油炸方式，因此雞塊具有金黃酥脆、鮮美多汁的特點，並以此與他牌炸雞形成鮮明差別。

6.Tesco 樂購

頂新集團，從1997年開始在中國經營的大賣場品牌，其名稱為「樂購」（Hymall: happy buy mall，快樂地購物）。對頂新集團來說，食品是其主業，投資的樂購大賣場則是輔助業務，一方面是自建通路為其產品推廣和銷售服務，另一方面則看中了大陸零售業的發展潛力。

2004年，英國「TESCO」公司耗資1.4億英鎊購入樂購50%的股份參與經營，2006年12月再次花費1.8億英鎊購入40%的股份，並把品牌名稱改為「Tesco 樂購」，剩下的10%股份仍由頂新集團持有。「Tesco 樂購」專注於華東（包括上海）、大北區（包括北京)、華南(包括廣州)這三個區域,持續發展「Tesco 樂購」的業務。2008 年初,完成對全國所有門店的形象整改,致力於提供顧客滿意的購物經驗。

7.「FamilyMart」便利商店

「FamilyMart」品牌源自於日本,自 1972 年成立以來,已成為亞洲最大國際連鎖便利店之一。透過日本「FamilyMart」專業經營的關鍵核心能力與臺灣地區便利商店經驗的結合,2006 年「康師傅」攜手日本與臺灣地區的「FamilyMart」,在上海成立新的「FamilyMart」,為上海的零售市場帶來新氣象,也開啟了中國連鎖便利店業的新商機。

「FamilyMart」正式進軍中國上海市場,也象徵頂新在中國大陸地區經營便利店事業的開端。儘管上海地區便利店競爭激烈,「FamilyMart」仍繼續在艱困的環境中穩定成長。上海「FamilyMart」秉持著誠信務實、價值創新、顧客滿意、共同成長的經營理念,使加盟者可以得到很好的後勤支持與指導,顧客也從中獲得滿意的服務。

8. 頂甄食品

「頂甄食品有限公司」由頂新投資,隸屬於餐飲連鎖事業,公司成立於 2005 年,總部位於上海市嘉定區,工廠占地約 50 畝,下屬五個事業部。公司初期投資超過 3,000 萬美元,工廠設計符合 GMP 規範,獲得國家 ISO 22000 體系認證及食品安全 QS 認證,其經營的食品品項有包子、麵食、牛肉麵、三明治、壽司等食品。

9. 頂基地產

頂新集團於 2001 年透過「頂基地產」發展兩岸地產事業。為發展臺灣地產事業,頂新集團的地產事業主要由「頂基地產」來管理,旗下分為幾個部分,其中「頂昱投資公司」主要專注於大陸地區的房地產,「頂禾開發」則在上海與臺灣兩地設有分公司,其主要致力於投資和開發各類型房地產項目,打造理想的商辦、住宅與休閒空間。

10. 臺灣之星移動電信（Taiwan Star Telecom）

「臺灣之星移動電信」是以行動寬頻業務（4G 行動電話）為主的電信公司，由頂新集團主導於2013 年創立，並於隔年取得行動寬頻業務執照，同年8 月4G 正式開台。「臺灣之星移動電信」以豐富生活、創造快樂的理念，並以合理的價格，高品質、快速、可靠的行動科技來滿足更多的顧客，致力於豐富每一個顧客的生活，藉由打造一個讓顧客滿意的網路平台，關注所有使用者，讓大家無論是生活、工作或娛樂，都可以更為美好精采，讓顧客都有滿意的體驗。

11. 頂通

「頂通」作為頂新旗下的專業物流公司，成立於1998 年。主要的營業項目為快速消費品的整體物流業務，自營網路遍及中國各省市。2004 年，日本著名商社、世界500 強企業「日本伊藤忠商事」注資頂通物流，實現與「康師傅」的合作，以打造一流的第三方物流企業為目標，提高物流品質和服務水準，滿足不斷增長的市場需求。「頂通物流」的主營業務包括貨物存儲、長途運輸、物流配送、物流加工、物流諮詢等多項專業第三方物流業務。「頂通物流」分佈於全國各省會及重要城市，以先進的物流管理理念，憑藉其實力超群的儲運設備，完備的運營網路，先進的物流資訊系統，積極發展國內外物流合作，發揮企業優勢，整合資源，領先市場，建構完善的供應鏈經營模式。

（五）小結

頂新一路走來，以「誠信」、「務實」、「創新」的經營理念為標竿，雖面臨許多挑戰，但仍不斷超越自我，藉由多角化經營來擴張其事業版圖。在發生黑心油事件後，頂新除了再次面臨危機，更進一步全面思考如何因應食安問題，旗下的味全公司，從產品追溯、原料來源與產品品質等方向為顧客健康把關。此外頂新更是不遺餘力倡導企業的社會責任，努力推廣人文關懷、教育贊助、綠色環保等公益人文活動，期許自己為社會永續發展盡一份心力。

三、結論

大成與頂新都是製油起家的企業，在臺灣食用油製造業是一個傳統且成熟的產業，因為經濟環境與競爭因素，導致其利潤偏低，不僅原物料供應仰賴進口的問題，更有大陸、歐美等進口油脂競爭者，使得業者經營上壓力不斷上升。食用油雖利潤偏低，但卻是民生必需品，亦即市場有其基本之需求。因此企業在經營的同時必須從各種問題裡尋求突破，並思考經營策略因應市場。從上面所探討的兩家企業可以發現，企業為了生存而不斷改變自己的經營策略，其中大成藉由垂直整合來提升自己在蛋白質產業鏈的優勢，增加自己的競爭力；頂新集團則是不斷採用相關與非相關多角化策略，讓自己跨足不同產業，充分發揮企業特長並利用各種資源提高經營效益，讓自己可以長期生存與發展。

在歷經食安風暴後，所有食品業者都面臨到消費者對於食安問題的重視。大成從農場到餐桌上也有很好的管理機制，除了將食用安全的理念拓展到飼料、雞蛋、肉雞、肉豬及魚蝦水產品的上下游垂直整合體系，也運用其核心豬場進行育種改良，結合農民契約養殖，全程掌握飼養過程，運用生物科技技術改善養殖環境及專業飼養技術，秉持溯源為經營的理念，持續以誠信、謙和的態度來迎接挑戰。

頂新在面對滅頂事件後，更是以「安心、透明、公開」的承諾，採取食安三大行動，包括「全產品溯源」：嚴格進行供應鏈的整合與管理，對於那些無法溯源或自主檢驗的原物料，則禁止進入供應鏈；上游供應商亦需提供品質管理的相關認證；對於國外製造商的原物料來源，則加強對訊息的掌控，要求廠商提供符合國際品質的認證及定期提供檢驗報告。「配方簡單化」：為了回應消費者對於自然健康生活的需求，逐步減少不必要的人工添加物，藉此以降低複合性材料監管的風險，也符合現今盛行的自然健康飲食風。「品質與國際接軌」：致力於加強自主檢驗能力，尤其著重消費者所關注的檢驗項目，包括：農藥殘留、重金屬、塑化劑等，除了希望產品能符合國家標準，更希望朝向與國際接軌的標準。然而頂新經過這樣的努力，是否能真正落實，有待政府和消費者的持續關注。

在未來無論是大成或是頂新，都應該要運用自己的核心競爭力，善盡自己的企業社會責任，將食品業的本質做得更到位，全力創造企業的最高價值。

參考文獻

大成長城企業股份有限公司，2015，《2014 企業社會責任報告書》。臺南：大成長城，取自：http://www.dachan.com/uploaded/2014%E5%A4%A7%E6%88%90%E9%95%B7%E5%9F%8E%E4%BC%81%E6%A5%AD%E7%A4%BE%E6%9C%83%E8%B2%AC%E4%BB%BB%E5%A0%B1%E5%91%8A%E6%9B%B81224_1_1.pdf

中央社，2014，〈頂新集團總營業額達2.5 兆〉。取自中央社網站：http://www.cna.com.tw/news/afe/201410140356-1.aspx

王梅，1999，《糧畜巨人大成集團的故事：家家鍋裡有隻雞》。臺北：天下雜誌。

林哲良，2014，〈魏家兄弟分工「割臺保中」〉。《新新聞》，第1442 期，取自新新聞網站：http://www.new7.com.tw/coverStory/CoverView.aspx?NUM=1442&i=TXT20141022173019GGV

周帆，2005，〈通路精耕：康師傅茶飲料的制勝之道〉。《中山大學學報論叢》，第25 期，頁6。

康師傅股份有限公司網頁，2002，〈從方便麵起家的頂新王國〉。取自：http://www.masterkong.com.cn/big5/trends/news/LatestInfo/20030102/8.shtml

楊仲源、李孟君，2012，〈頂新國際集團之產業文化與發展變遷：永靖魏家，揚名國際〉。收錄於《2012 年彰化研討學術研討會：產業文化的變遷與發展論文選輯》。彰化：彰化縣文化局。

謝屏，1999，《大陸臺商集團企業策略運籌與組織運作之比較研究：以統一集團、頂新集團為例》。臺南：國立成功大學企業管理學系碩士論文。

劉震濤等，2006，《臺商企業的中國經驗：六大企業立足中國策略》。臺北：臺灣培生教育出版公司。

劉曉波，2003，《康師傅：99% 的努力 +1% 的靈感》。臺北：九鼎國際行銷。

結　語

本書透過幾個章節，回顧臺灣食品產業的發展、對食品安全的努力，以及食品廠商的崛起與轉型。從中我們可以發現，臺灣食品產業的發展，乃是亦步亦趨地隨著臺灣經濟成長而調整其定位，呈現各時期不同樣貌。

臺灣食品產業的重要性，主要表現於三個層面：給養民眾、出口創匯，以及滿足國內市場需求。從歷史上來看，日據時期臺灣食品產業開始近代化，食品生產目的也帶有濃厚的殖民色彩。以新式技術與設備生產的蔗糖、罐頭等食品，實際上以供應日本國內需求為主要目的。即便如此，日據時期引進的近代化技術與設備，也為戰後臺灣食品業的發展奠定基礎，成為日後臺灣經濟重建的動力。1949 年國民政府撤退來臺帶來了大批軍民，如何讓民眾「吃得飽」成為當時最重要的問題。而後穩定湧入的美援物資適時地滿足島內漸繁的生齒，小麥與黃豆也促成臺灣麵粉業與製油業的興起。而過去為滿足殖民母國需求而發展的蔗糖、罐頭產業，也在此時期褪去殖民色彩，成為臺灣戰後初期出口創匯，累積經濟實力的尖兵。

隨著國內經濟成長，民眾生活水平改善，過去只求溫飽的食品要求已難滿足民眾的胃口，「吃得好」、「吃得精緻」的高品質食品應運而生，多樣化的食品大量出現競爭著有限的消費市場，民眾對食品衛生的要求也日益提高。與此同時，受到國際政經情勢與市場波動的影響，以及其他國家食品競爭國際市場，臺灣食品出口在國際上的地位日益受到威脅。即便有鳳梨、洋菇、蘆筍等「三罐王」接連問世，以及新興的冷凍食品出口搶市，政府亦以更加嚴格的食品衛生標準規範，期望提升臺灣食品的國際競爭力，仍難以扭轉臺灣食品出口萎縮的現實。

1980、90年代，當臺灣經濟成長達到高峰，國內食品市場亦日漸飽和。而民眾在生活改善之餘更有能力追求高品質食品，養生風氣盛行亦促使臺灣民眾有更高意願購買保健食品。國內市場的飽和，以及養生風氣的盛行，進而促成臺灣食品業者在既有基礎上，一方面以多角化經營競爭市場，另一方面則往高附加價值的養生保健食品方面升級轉型。即便臺灣在國際食品市場上已不如過去具有競爭力，食品企業為尋求突破，開始將經營重心往東南亞地區轉移，於該區投資設廠。當兩岸局勢趨緩，政府開放企業對大陸投資後，則開啟一連串食品業者赴陸投資的風潮。

2000年以後，自由化貿易盛行，臺灣亦於2005年加入世界貿易組織WTO，開放國外食品競爭著早已飽和的國內食品市場。2010年以後，食安風暴帶來的陰影壟罩著臺灣食品產業，塑化劑、毒澱粉、偽劣混油等食品造假、詐欺的新聞接連出現，不僅重挫臺灣食品的國際形象，也讓臺灣民眾對既有的食品檢驗、認證制度抱持懷疑，亦促使政府從根本檢討現行食品安全法規與檢驗制度，如何讓民眾吃得安心、吃得放心成為新時代的顯學。

在臺灣食品產業發展的歷程中，各家食品業者也隨著時代的腳步調整其定位，不僅在食品本業上持續深化，也將經營範圍延伸至食品業外的其他領域，亦取得相當不錯的成績。國內食品業龍頭統一企業早年以生產麵粉、飼料起家，事業成長後多角化生產，造就了許多膾炙人口的商品。當年不畏連年虧損，持續投資零售流通業的決定造就了統一企業有別於其他食品業者的優勢，利用通路網絡構築起的流通次集團更是奠定統一食品王國的重要關鍵。成為臺灣人共同回憶的味全公司，早年以生產味精、醬油起步，進而多角化生產各式食品飲料，亦慧眼獨具首先投資乳業，成為今日臺灣乳品的佼佼者，亦曾是統一企業出現前的食品業龍頭。雖歷經經營權易主頂新、食安風暴等種種考驗，今日的味全仍在臺灣食品產業中持續耕耘努力。

南僑集團以化工起家，生產家喻戶曉的水晶肥皂，在油脂的專業上進軍食用油脂業，透過周邊多角化將產品擴及餅乾、冷凍麵糰等食品，如今則將觸角擴及餐飲業，在中國方面的油脂與麵糰事業亦走出自己的一片天。國內知名海鮮餐飲業者海霸王則以經營海鮮餐廳起步，歷經事業擴展及萎縮，在冷凍食品方面闖出名號，成為兩岸重要冷凍食品與物流業者。原以生產冰塊為本業的桂冠為逆轉冰箱普及化帶來的危機，轉型生產火鍋料、湯圓與沙拉醬，並以利基產品沙拉與湯圓搶攻中國市場，成為兩岸知名的食品業者，新投入的冷凍食品與冷凍物流更串起了兩岸市場與桂冠旗下強勢產品。

大成集團早年以製油為業，周邊多角化跨足飼料、麵粉產業，穩扎穩打地累積經濟實力。根基穩健後透過代理速食品牌進入餐飲領域，開放赴中投資後更揮軍中國投資農畜產業，完成從飼料到養殖、加工一條龍生產，成為兩岸重要畜產與飼料提供業者。頂新集團則發跡於彰化的製油廠，開放赴中投資後將事業重心集中於大陸，慧眼獨具地在方便麵市場上奪得先機，以「康師傅」之名席捲中國，成為臺灣廠商進軍大陸的成功案例。在對岸蓬勃發展的頂新集團隨後將目標望向臺灣，透過收購老牌食品企業味全取得在臺發展的橋頭堡，並藉著味全在臺的品牌名聲與食品產線加速對兩岸市場的占有，更將集團領域向地產、流通與電信通路方面多角化延伸。2010 年以後層出不窮的食安風暴，嚴重衝擊頂新集團及味全的信譽與事業版圖，未來要如何挽回受損的商譽，讓消費者重拾信心，將是頂新與味全亟需思考的重要課題。

臺灣食品產業從原初滿足民眾生計的「吃得飽」，隨著經濟發展與民眾的需求走向追求「吃得好」、「吃得精緻、有品質」的高品質與衛生。科技的進步雖然為食品產業帶來更有效率、低成本的生產，但在消費者期望以更低價格買到美味的食品，以及食品業者期望更加壓低生產成本的想法交織之下，濫用科技進步帶來的恩惠，混充偽造的食品造假、詐欺事件便如雨後春筍般層出不窮。從2008年中國三聚氰胺毒奶粉事件開始，食品是否安全的疑問便慢慢浮現於臺灣民眾的眼前。2011年塑化劑事件，以及2013年的毒澱粉事件、2013與2014年的假油混充事件，國內許多商譽良好的食品廠商都牽涉其中。臺灣民眾開始直視眼前的食品安全問題，亦對吃了大半輩子的食品與政府檢驗把關的法規制度產生了疑問：「想要『吃得安心』真的這麼困難？」

如何讓民眾「吃得安心」，顯然已成為當下臺灣必須正視的現狀。造成食品偽劣假冒事件掘之不盡的因素，更是政府、業者與消費者三方盤根錯節的結構性問題。政府空有法律制度規範，卻未能徹底實施，缺乏有效的稽查力道，對現行法規制度的檢討也往往在爆發大規模食安問題後才與以亡羊補牢，欠缺前瞻性的風險預防措施，罰則規範相較於犯法業者的不法獲利而言更只是九牛一毛，難以達到懲戒作用。食品業者在壓低生產成本的思維下，抱持著僥倖心態以其他化學性質類似，卻未被允許使用於食品的低價化工原料取代既有原料，又或是為迎合消費者美味、美觀的期望，添加非食用化學原料營造美食形象。消費者一味追求食品的風味與品相，希望購買的食品能夠盡可能物美價廉，而忽略的食品品質與價格之間的正向關係，給予食品業者錯誤的想像與回應。一切負面條件的連鎖最終導致2010年以後層出不窮的食安風暴，許多通過食品GMP認證的大廠淪陷其中。雖說能以政府稽查食品業者的力道與頻率增加來解釋為何2010年以後頻繁揭發大規模食安問題，但也顯示這些食品造假混充的問題從很早以前便已充斥於臺灣食品產業，更可能是業者間「不能說的秘密」。被揭發的問題亦可能只是冰山一角，直至今日，新聞媒體上仍不斷有假造食品保存期限、添加非食用化學原料的新聞出現。

在歷經數次食安風暴後，雖使臺灣「美食王國」的金字招牌蒙塵，但也喚醒了臺灣民眾對食品安全的重視，在經過「吃得飽」、「吃得好」與「吃得精緻有品質」各階段後，「吃得安心」成為臺灣民眾最真切的期盼，也自發性地以各式行動來抵制在食安風暴中被捲入的食品廠商。為回應民眾的期待，政府與食品業者亦有所作為，除了將「食安五環」作為新政府宣示改革的行動，亦提高吹哨者條款獎勵，鼓勵民眾檢舉黑心食品與廠商，以收全民監督之效。食品業者亦自主地加強內部食安檢驗，從食品原料源頭進行管理，以生產全程履歷均可追溯為目標，將食品安全視為生產食品之外的另一大重點。

本書透過構築臺灣食品產業發展歷程，重塑了臺灣食品業發展各個時期不同的樣貌，亦點出了不同時期食品產業的發展重點。也透過幾家食品業者的個案分析，觀察其如何隨著臺灣經濟發展而成長，多角化或跨國經營而茁壯，以及其如何因應食安風暴帶來的衝擊。在發展歷程構築的經線，以及廠商個案拉出的緯線交織而成的名為「臺灣食品產業」的因陀羅網，「食品安全」則是鑲嵌其上的寶珠，一切珠影無不反映食品產業各階段與食品業者的發展。「吃」是人類賴以生存的行為，「吃得安心」、「吃得安全」不應是種幻想或祈求，而應是種「理所當然」。唯有當民眾、業者與政府皆對這種「理所當然」有所共識，願意付出實踐時，因食安風暴瓦解的信任感才能重建，「食品安全」也才能自口號的神壇走下，成為你我生活中，再自然不過的「理所當然」。